Librairie HACHETTE, Paris.

Majoration temporaire de 40 %
du prix marqué
RÉDUITE A 25 %

Décision du Syndicat des Editeurs

du 1ᵉʳ avril 1921

Cours et Expériences

de

CHIMIE

1re, 2e, 3e ANNÉES

Corrigé des exercices et problèmes

ENSEIGNEMENT PRIMAIRE SUPÉRIEUR

R. LESPIEAU
Professeur à la Sorbonne
et à l'École Normale Supérieure

CH. COLIN
Professeur
à l'École Lavoisier

Cours et Expériences

de

CHIMIE

1re, 2e, 3e ANNÉES

Corrigé des exercices et problèmes

LIBRAIRIE HACHETTE

79, BOULEVARD SAINT-GERMAIN, PARIS

—

1923

CORRIGÉ DE CHIMIE

PREMIÈRE ANNÉE

LES SUBSTANCES

1. *Les substances généralement utilisées dans le ménage.* — *Grouper les substances : 1° d'après leur état physique; 2° d'après leur constitution (substances simples, substances complexes); 3° d'après leur action sur la vue, puis sur l'odorat, puis sur le goût.*

1° Solides. Bois, houille, charbon de bois — farine, viande, beurre, saindoux, sel, sucre — savon, cristaux de soude, cirage — bougie — amidon.

Liquides. Eau, lait; vin, cidre, bière; huile, vinaigre; alcool —'pétrole — eau de Javel.

Gaz. Gaz d'éclairage.

2° Parmi les substances visiblement complexes, citons : bois, viande, lait.

Les autres substances nous paraissent simples. Toutefois on extrait l'alcool du vin par simple distillation, et on extrait l'amidon de la farine par malaxage dans l'eau. Pour les autres substances, l'étude est plus difficile.

Comme espèces chimiques, il resterait : sel, sucre, cristaux de soude, amidon, eau.

3° **La vue.** Il n'y a déjà qu'à se reporter à la division en solides, liquides et gaz.

Les solides sont souvent blancs. Exceptions : la houille, le charbon de bois, le cirage sont noirs; la viande est souvent rouge.

L'odorat. Les solides cités ont une odeur faible ou nulle. Les liquides et les gaz sont odorants, toutefois l'eau est inodore, le lait et l'huile ont une faible odeur.

Le goût. A part l'eau, chacune des substances comestibles citées a une saveur.

2. *Énumérer les diverses substances habituellement utilisées dans le chauffage et l'éclairage.* — *Etudier leurs diverses propriétés.*

Les principaux combustibles sont le bois, la houille, le pétrole, le gaz. Les substances habituellement utilisées dans l'éclairage sont le pétrole, la bougie, le gaz. — Le bois, la houille, la bougie sont solides; le pétrole est liquide. — Le pétrole, le gaz sont odorants.

3. *Examiner l'action de la température sur les diverses substances qui nous entourent. Quelles sont celles qu'on peut fondre, vaporiser? Quelles sont celles qui* *résistent bien à l'action de la chaleur? Où trouvent-elles leur emploi (fours, foyers)? — Quelles sont celles qui se décomposent?*

Les liquides que nous employons couramment se vaporisent quand on les chauffe, à l'exception cependant de l'huile qui alors se décompose (fumées à odeur âcre). En ce qui concerne les boissons (vins, alcool....), les parties qui se vaporisent les premières sont plus riches en alcool que les suivantes.

Les solides que l'on chauffe et qui fondent, sont les graisses, la bougie, le sucre. Une fois fondus, si on cherche à les vaporiser, ils se décomposent au moins partiellement (odeur, fumée).

Les solides que l'on chauffe et qui ne fondent pas sont le bois, la houille, la farine, la viande, l'amidon. Mais ces substances fortement chauffées se décomposent.

Certains solides ne fondent pas et ne se décomposent pas, du moins aux températures réalisées à la maison. Nous citerons le fer, la fonte dont on fait des ustensiles de cuisine et des appareils de chauffage; la brique, dont on garnit les fours.

4. *Chercher les divers mélanges homogènes que l'on est amené à réaliser dans l'économie domestique?*

Toutes les infusions (café, bouillon...) sont des mélanges homogènes. Quand on dissout du sel, des cristaux de soude, dans l'eau, on obtient des liquides homogènes (avec les cristaux on peut avoir avec certaines eaux un trouble, mais le liquide se clarifie peu à peu).

Quand on verse de l'eau dans du vin, dans du vinaigre, on obtient un liquide homogène....

Le café au lait qui semble homogène ne l'est pas quand on le regarde au microscope.

5. *Examiner ce qui se passe autour de vous dans la maison. — Quand utilise-t-on des filtres? Tous ces filtres ont-ils la même forme, la même texture? Quel est leur rôle? Quand se contente-t-on de décanter?*

On utilise des filtres quand on veut isoler rapidement un liquide limpide d'un mélange. C'est ainsi que le café et le thé étant mélangés avec l'eau, on sépare l'infusion par filtrage; comme les solides sont ici relativement gros, on peut utiliser comme filtre une plaque métallique percée de petits trous.

Mais si la substance solide est finement divisée, il faut un filtre à pores d'autant plus petits que la division est avancée. C'est ainsi que pour filtrer un liquide trouble (exemple : vin) on utilise un papier spécial analogue au papier buvard. Pour filtrer du bouillon gras, on le fait couler sur un linge mouillé à texture serrée : la graisse reste sur le linge où elle fige.

Dans le cas où le solide se rassemble facilement au fond du liquide, on se contente de décanter.

6. *L'appareil à tube de caoutchouc de la figure 8 est évidemment peu coûteux puisqu'on peut le réaliser avec un entonnoir ordinaire. Peut-il être utilisé avec tous les liquides? Pourquoi? Comment faut-il alors modifier l'appareil?*

L'appareil ne peut être utilisé avec les liquides qui attaquent assez rapidement le caoutchouc puisque alors le liquide contiendrait des substances dissoutes (notons que les liquides usuels, même la benzine, agissent lentement). — Pour ces liquides, il faudrait alors un appareil tout en verre, muni à sa partie inférieure d'un robinet lui aussi en verre.

LES COMBUSTIONS DANS L'AIR

1. *Si la combustion est parfaite, quelles sont les substances qui brûlent sans laisser de cendres? Comment procéderiez-vous pour déterminer la proportion en poids de cendres obtenues dans la combustion du bois, de la houille, du coke?*

Les substances usuelles qui brûlent sans laisser de cendres sont : le gaz d'éclairage; le pétrole, l'essence; la bougie, le soufre. — On pèse une quantité assez grande de combustible; on en produit la combustion complète (les derniers fragments brûlent assez difficilement et c'est pourquoi on prend une masse notable de combustible; on pèse toutes les cendres formées. Si c^{das} est la masse du combustible primitif et r^{das} la masse du résidu, la proportion pour cent en poids de cendres formées est $\dfrac{r \times 100}{c}$.

2. *Un ruban de magnésium a 0,1^{mm} d'épaisseur, 2,4^{mm} de large et 62^{cm} de long. Il pèse 25^{cg}. En déduire la densité du magnésium.*

Le volume de ce ruban est $0,1 \times 2,4 \times 620 = 148,8^{mm^3}$. Sa masse, en unités correspondant au mm³, est 250^{mg}. La densité du magnésium est $\dfrac{250}{148,8} = 1,7$ environ.

3. *Le tube plein d'eau en contenait 95^{cm}. Après la combustion du phosphore il en contenait 76^{cm}. Déterminer la proportion en volume de l'air disparu.*

Le gaz a la forme d'un cylindre de base constante. Son volume est donc proportionnel à sa hauteur. L'air primitif occupant 95^{cm} et l'azote final 76^{cm}, la hauteur a diminué de $95 - 76 = 19^{cm}$. La proportion en volume de l'air disparu est donc $\dfrac{19}{95} = \dfrac{19 : 19}{95 : 19} = \dfrac{1}{5}$.

4. Expérience : *Dans un ballon de contenance 121^{cl} la combustion d'une bougie a duré 22 secondes, et la diminution du volume a été de 85$^{cm^3}$. — Calculer la diminution relative de volume.*

Le volume primitif étant 121^{cl} et le volume final 8^{cl},5, la diminution relative de volume est $\dfrac{8,5}{121} = \dfrac{8,5 : 8,5}{121 : 8,5} = \dfrac{1}{14}$ environ.

5. Expérience : *Dans le ballon précédent, la combustion d'une bougie a amené après addition de lessive de soude, une diminution de volume de 14^{cl}. Quelle est la proportion en volume de gaz disparu?*

Cette fois la diminution relative de volume est $\dfrac{14}{121} = \dfrac{14 : 14}{121 : 14} = \dfrac{1}{8,6}$ soit $\dfrac{1}{9}$ environ

6. Expérience : *Dans un ballon de 75^{cl} la combustion d'une bougie a amené, après addition de lessive de soude, une diminution de volume de 9^{cl}. Quelle est la proportion en volume de gaz disparu? — Peut-on en tenant compte de l'expérience précédente, établir une proportionnalité relative? — Peut-on dire alors,*

que la combustion de la bougie, dans les conditions indiquées, se fait tou-
jours d'une manière identique?

La diminution relative de volume est $\dfrac{9}{75} = \dfrac{1}{8,3}$ soit $\dfrac{1}{8}$ environ. — S'il y avait proportionnalité exacte, connaissant les nombres de l'expérience précédente, on trouverait dans un ballon de 75^{cl} une diminution de volume de $\dfrac{14 \times 75}{121} = 8^{cl},7$ environ. Ainsi il y a presque proportionnalité. — Toutefois la différence est assez notable $\left(\text{valeur relative } \dfrac{8,7}{9} = 0,97\right)$ pour qu'on puisse dire que la combustion de la bougie n'a pas lieu d'une manière identique.

OXYGÈNE

1. *S'il s'agissait d'une ébullition, pourquoi les parties froides du tube se recou-*
vriraient-elles d'un solide blanc?

A la température ordinaire le chlorate de potassium est un solide blanc. La paroi voisine de l'ouverture du tube étant à peu près à la température ordi-naire, s'il s'agissait d'une ébullition les vapeurs se condenseraient là en donnant un dépôt solide, blanc.

2. *Du bioxyde de manganèse concassé pèse 100ᵍ. Comme il est insoluble dans l'eau, on le met dans une éprouvette graduée contenant de l'eau et le niveau de l'eau monte de 25^{cm3}. Déterminer la densité du bioxyde.*

100^g de bioxyde de manganèse occupant 25^{cm3}, la densité de ce solide est $\dfrac{100}{25} = 4.$

3. *Qu'arriverait-il si on laissait l'appareil monté et la pince serrée, quand on éloigne la flamme? On se rappellera que les gaz chauffés sous pression sensible-ment constante se dilatent et que pour une élévation de température de 1 degré le volume augmente du $\dfrac{1}{273}$ de sa valeur primitive; et on admettra que le tube a été porté tout entier à 273°. — Que fera l'eau en arrivant dans le tube encore très chaud?*

La température du tube ayant monté de 273°, le volume a augmenté de $\dfrac{1}{273} \times 273 = 1$ fois sa valeur primitive. Il ne reste dans l'appareil que la moitié du gaz primitif. Par refroidissement ce gaz diminue de volume et l'eau monte dans le tube à dégagement Ce tube ayant un volume assez petit, quand l'eau arrive dans le tube à essai celui-ci est à une température encore élevée (si par exemple le tube à dégagement a un volume égal au vingtième de celui du tube à essai, ce dernier sera à environ $273 - \dfrac{273}{20} = 260°$). Il y a alors vaporisation brusque du liquide et explosion possible.

4. *122ᵍ,5 de chlorate de potassium donnent 33ˡ,6 d'oxygène (0° 1ᵃᵗ). Combien en donneront 4ᵍ? — Quelle masse de chlorate faut-il pour préparer 6ˡ,72 d'oxygène?*

Il y a proportionnalité entre la masse de chlorate décomposé et le volume d'oxygène produit. Alors 4ᵍ de chlorate donnent $\dfrac{33,6 \times 4}{122,5} = 1^l,1$ environ d'oxygène. — Pour préparer 6ˡ,72 d'oxygène, il faudrait $\dfrac{122,5 \times 6,72}{33,6} = \dfrac{122,5}{5} = 24^g,5$ de chlorate.

5. *Comme le verre est mauvais conducteur de la chaleur, que pourrait-il arriver si le combustible touchait le verre, ou si, étant placé trop haut, sa flamme touchait le flacon?*

L'endroit en contact avec le combustible ou la flamme, porté à une température élevée, se dilaterait seul d'une façon brusque et notable, ce qui amènerait la rupture du récipient.

6. *Pour faire les expériences de combustion dans l'oxygène on a utilisé un flacon de 57ᶜˡ. Quel est le volume d'oxygène à préparer si l'on a effectué 5 combustions? — 122ᵍ,5 de chlorate de potassium peuvent donner 33ˡ,6 d'oxygène; quelle est la masse théorique de chlorate à décomposer? — Montrer qu'avec un seul tube à essai contenant 12ᵍ de chlorate et 3ᵍ de bioxyde de manganèse on pourra faire toutes ces expériences.*

Pour effectuer cinq combustions, il faut $0,57 \times 5$ litres d'oxygène. Quand on obtient 33ˡ,6 d'oxygène, on utilise 122ᵍ,5 de chlorate de potassium. Pour préparer $0,57 \times 5$ litres d'oxygène il faut donc $\dfrac{122,5 \times 0,57 \times 5}{33,6} = 10^g,4$ environ de chlorate. — Donc un seul tube à essai contenant 12ᵍ de chlorate suffit pour ces cinq combustions.

7. *Utiliser les nombres du § 44 pour déterminer la quantité de chaleur dégagée par la combustion de 1ᵍ de chacun des corps simples indiqués. Si le nombre obtenu est trop faible, on utilisera la microthermie (symbole μth) qui est la millième partie de la millithermie. — On rangera ensuite les corps simples étudiés dans l'ordre des quantités de chaleur croissantes dégagées dans la combustion.*

32ᵍ de soufre dégagent en brûlant 69,3 *mth*; donc la combustion de 1ᵍ de cette substance dégage $\dfrac{69,3}{32} = 2,17$ *mth*. — De même la combustion de 1ᵍ de phosphore dégage $\dfrac{365,2}{62} = 5,89$ *mth*. — Et celle de 1ᵍ de carbone dégage $\dfrac{94,3}{12} = 7,86$ *mth*. — Ainsi au point de vue de l'affinité croissante pour l'oxygène on a l'ordre : carbone, phosphore, soufre.

8. *Expliquer le rôle de l'étouffoir dans lequel le boulanger place sa braise rouge.*

La braise rouge tombe dans un récipient bon conducteur, contenant un volume d'air limité v^l. Donc le charbon ne peut se combiner qu'à $\dfrac{v}{5}$ litres d'oxygène; et la combustion cesse avant la disparition de tout l'oxygène, ainsi que cela se produit dans les combustions ordinaires. D'autre part, le charbon se refroidit assez vite, la combustion étant assez lente et le refroidissement de l'étouffoir se faisant bien.

9. *Si les vêtements d'une personne prenaient feu, pourquoi envelopperiez-vous rapidement la personne de draps, de couvertures, surtout mouillés?.*

De cette façon on empêche l'oxygène de l'air d'arriver au contact du combustible et la combustion cesse. D'autre part l'eau, en s'évaporant, abaisse notablement la température de la substance en train de brûler, et cela s'ajoute à ce qui précède pour retarder la combustion.

10. *Un récipient contient une substance combustible. Si elle prend feu, pourquoi faut-il placer dessus un couvercle?.*

De cette manière l'oxygène de l'air n'arrive plus au contact du combustible qui s'éteint. — Au contraire, en soufflant sur la substance, on activerait la combustion, à moins cependant que là quantité d'air froid lancée sur le combustible absorbe plus de chaleur que n'en dégage la combustion, auquel cas la température pourrait s'abaisser suffisamment pour que la combustion cesse.

11. *Pour éteindre un feu de cheminée : 1° on en ferme soigneusement l'ouverture avec un drap ou une couverture bien mouillés et pliés en double; 2° on y brûle du soufre. Donner les raisons des procédés employés.*

La fermeture de l'ouverture avec une étoffe qui ne se laisse pas traverser par l'air (d'où l'utilité de mouiller pour boucher les pores au moins quelque temps) empêche le renouvellement de l'air au contact de la suie qui brûle, la combustion va donc en se relentissant. — Quant au soufre qui se combine facilement à l'oxygène, il brûle mieux que la suie et celle-ci, placée dans une atmosphère de gaz non combustibles (anhydride sulfureux et azote) s'éteint bientôt.

12. **Expérience.** — *Dans un tube à limaille de fer, l'eau monte à 20^{cm} et 21^{cm} 1/2 dans deux expériences. Le tube ayant 91^{cm} de long, de quelle hauteur l'eau devrait-elle théoriquement monter? — Les différences obtenues ne peuvent-elles s'expliquer rien que par la variation de la température? — de combien doit varier la température d'un cylindre de gaz de 70^{cm} de long pour que sa longueur varie de 2^{cm} (Voir le problème 3).*

Le gaz ayant la forme d'un cylindre et le volume de l'oxygène étant le cinquième du volume de l'air, l'eau devrait monter de 91 : 5 = 18,^{cm}2. — Mais les gaz sont très compressibles et très dilatables. Si donc la température de la salle a baissé et si le baromètre a monté, ce qui est possible, l'expérience durant longtemps, on peut observer des différences de 2 à 3^{cm}. — En ne tenant compte que de la température, le volume d'un cylindre de gaz de 70^{cm} de haut (à peu près le volume de l'azote restant dans l'expérience) diminue de $\dfrac{70}{273}$^{cm} pour une diminution de température de 1°; donc pour avoir une diminution de 2^{cm} de longueur, il suffit d'une diminution de température de $2 : \dfrac{70}{273}$, soit moins de 8°.

13. *L'homme adulte exhale en moyenne 480^{l} de gaz carbonique par 24 heures. Déterminer les masses de carbone et d'oxygène que dégagerait la combustion de*

ce carbone. Quels sont les volumes d'oxygène, puis d'air nécessaires à cette com-
bustion?

Nous avons dit que 12^g de carbone se combinent à 32^g d'oxygène, soit encore 22^l,4 de ce gaz, pour donner 44^g de gaz carbonique qui occupent 22^l,4 tout comme l'oxygène nécessaire à la combustion. Alors pour obtenir 480^l de gaz carbonique, il faudrait brûler $\dfrac{12 \times 480}{22,4} = 257^g$ de carbone, cette combustion exigeant 480^l d'oxygène (volume égal à celui du gaz carbonique), soit $480 \times 5 = 2\,400^l$ d'air (2,4 m^3).

14. *L'air inspiré contient en volume 21 $^0/_0$ d'oxygène, 79 $^0/_0$ d'azote et 0,04 $^0/_0$ de gaz carbonique. Pour l'air expiré on obtient les nombres 16; 79,5 et 4,4. Est-ce à peu près d'accord avec la combustion du charbon? — Quel volume d'air faut-il alors inspirer pour obtenir les 480^l d'oxygène nécessaires au sang en 24 heures? Un adulte effectue 16 à 20 inspirations par minute. Quel est alors le volume d'air inspiré à chaque fois? — Comme il pèse environ 65^{kg}, en déduire la consommation horaire par kilogramme de poids vif.*

Sur 100 volumes d'air inspiré, il y a 21 volumes d'oxygène et 0,04 volumes de gaz carbonique. Sur 100 volumes d'air expiré, il y a 16 volumes d'oxygène, ce qui fait une diminution de $21 - 16 = 5$ volumes; et il y a 4,4 volumes de gaz carbonique, ce qui fait une augmentation de 4,4, —0,04 soit sensiblement de 4,4 volumes. Ainsi l'oxygène disparu a un volume à peu près égal au volume du gaz carbonique formé, ce qui est d'accord avec la combustion du charbon (problème précédent). — La disparition de 5 volumes d'oxygène exige l'inspiration de 100 volumes d'air; donc les 480^l d'oxygène proviennent de $\dfrac{100 \times 480}{5} = 9\,600^l$ d'air inspirés en 24 heures. Cela correspond à $\dfrac{9\,600}{60 \times 24} = 6^l,67$ d'air inspirés par minute, de sorte que à chaque fois on consomme en moyenne $\dfrac{6,67}{18} = 0^l,37$ d'air. — Par heure cet adulte fait entrer dans ses poumons $\dfrac{9\,600}{24}$ litres d'air, ce qui correspond, par kilogramme de poids vif à $\dfrac{9\,600}{24 \times 65} = 6^l,1$ d'air.

AZOTE

1. *22^l,4 d'air, d'oxygène et d'azote pèsent (à 0^0 et 1^{atm}) respectivement 29^g, 32^g, 28^g. Calculer la composition en masse de 100^g d'air sachant que 100 volumes d'air renferment 21 volumes d'oxygène et 79 volumes d'azote.*

100^l d'air pèsent $\dfrac{29 \times 100}{22,4}$ grammes; 21^l d'oxygène pèsent $\dfrac{32 \times 21}{22,4}$ grammes et 79^l d'azote pèsent $\dfrac{28 \times 79}{22,4}$ grammes.

Donc 1^g d'air contient $\dfrac{32 \times 21}{22,4} : \dfrac{29 \times 100}{22,4}$ grammes d'oxygène et

$\dfrac{28 \times 79}{22,4} : \dfrac{29 \times 100}{22,4}$ grammes d'azote. Alors 100^g d'air renferment

$\dfrac{32 \times 21}{22,4} : \dfrac{22,4}{29 \times 100} \times 100 = \dfrac{32 \times 21}{29} = 23^g,2$ environ d'oxygène et $\dfrac{28 \times 79}{29} = 76^g,3$ environ d'azote.

Vérification : $23,2 + 76,3 = 99,5$. On ne trouve pas exactement 100 car les nombres 29^g, 32^g, 28^g ne sont pas rigoureusement exacts.

2. *Dans cette préparation à quoi est due l'augmentation de masse du cuivre?— On a fait passer 20 litres d'air sur du cuivre chauffé et l'absorption d'oxygène a été complète. Quelle est l'augmentation de masse c du cuivre? — On recueille l'azote qui sort du tube à cuivre.— Quelle est sa masse a? — Montrer qu'inversement, connaissant les masses c et a on peut en déduire la composition de l'air en masses.*

Le cuivre s'est combiné à l'oxygène de l'air pour donner de l'oxyde de cuivre. — Nous avons vu dans le problème précédent que 100^l d'air contiennent 21^l

d'oxygène qui pèsent $\dfrac{32 \times 21}{22,4}$ grammes en 79^l d'azote pesant $\dfrac{28 \times 79}{22,4}$ grammes.

Donc 20^l d'air renferment $\dfrac{32 \times 21}{22,4 \times 5} = 6^g,00$ d'oxygène et $\dfrac{28 \times 79}{22,4 \times 5} = 19^g,75$ d'azote. — L'augmentation de masse de cuivre est $c = 6^g$ et la masse de l'azote est $a = 19^g,75$. — Inversement, connaissant c et a, on en déduit la masse de l'air $c + a$ et sa composition en masses, puisqu'alors 100^g d'air contiennent $\dfrac{c \times 100}{c + a}$ grammes d'oxygène de $\dfrac{a \times 100}{c + a}$ grammes d'azote.

AIR ATMOSPHÉRIQUE

1. *$22^l,4$ de gaz carbonique pèsent 44^g (0°, 1^{atm}.). Quel volume d'air faut-il faire passer dans une dissolution de soude caustique pour que la masse de celle-ci augmente de $0^g,44$?*

L'augmentation de masse de la soude est due au gaz carbonique qu'elle absorbe. Or $0^g,44$ est la centième partie de 44^g et par suite la masse de $\dfrac{22,4}{100}$ litres $= 224^{cm3}$ de gaz carbonique. Comme 10^l d'air contiennent environ 3^{cm3} de gaz carbonique, il a fallu faire passer $\dfrac{10 \times 224}{3} = 747^l$ d'air environ.

2. *Il faut compter, pour une habitation permanente, 14^{m3} par personne. Calculer le volume de la masse de l'oxygène qu'ils contiennent.*

100^{m3} d'air contiennent 21^{m3} d'oxygène et 79^{m3} d'azote. Donc 14^{m3} d'air renferment $0,21 \times 14 = 2^{m3},94$ d'oxygène et $0,79 \times 14 = 11^{m3},06$ d'azote. Vérification : $2,94 + 11,06 = 14$.

5. *Déterminer la masse moyenne d'un litre d'air sec à 0° 1^{atm}, contenant les $3/10000$ de gaz carbonique. $22^l,4$ d'anhydride carbonique, à 0° 1^{atm}, pèsent 44^g.*

Ce litre d'air sec contient $0^{cm3},3$ de gaz carbonique et par suite $1\,000 - 0,3 = 999^{cm3},7$ d'air.

Or 0^{cm^3},3 d'air sec, privé de gaz carbonique, pèse $1,293 \times 0,3 = 0^{mg}$,39. — 22^{cm^3},4 d'anhydride carbonique pèsent 44^{mg}; alors 0^{cm^3},3 de ce dernier gaz pèse $\dfrac{44 \times 0,3}{22,4} = 0^{mg}$,59. — Ainsi le remplacement de 0^{cm^3},3 d'air par 0^{cm^3}3, de gaz carbonique produit une augmentation de masse de $0,59 - 0,39 = 0^{mg}$,2°. Donc la masse cherchée est $1\,293 + 0,2 = 1\,293^{mg}$,2.

EAU NATURELLE

1. *Expliquer la formation des taches sur les verres soigneusement lavés et non essuyés.*

Des gouttes d'eau adhèrent au verre. A l'air, l'eau pure s'évapore et les substances dissoutes dans la goutte d'eau se déposent sur le verre en donnant une tache blanchâtre.

2. *Souvent, après lavage et séchage, les clichés photographiques présentent des stries blanches. Pour les enlever, il est bon, aussitôt le lavage, de frotter la gélatine avec le doigt mouillé. Que s'est-il produit?*

Ceci est fréquent avec les eaux calcaires : les stries blanches sont alors constituées par du carbonate de calcium très finement divisé. — En frottant avec le doigt la gélatine, on rassemble toutes ces particules en des gouttes blanchâtres qui tombent. En ne faisant pas cette opération, le solide resterait adhérent à la gélatine séchée d'où une teinte blanchâtre.

3. *Comment expliquez-vous que l'intérieur des carafes à eau devienne opaque et blanchâtre à l'usage. En y versant du vinaigre, le solide disparait en donnant des bulles de gaz. Que pouvez-vous en conclure?*

Les phénomènes qui se produisent sont ceux qui ont été étudiés dans les deux questions précédentes. L'acide acétique du vinaigre réagit avec effervescence. Donc le solide blanc est constitué par du carbonate de calcium qui est dissous par l'acide (formation de gaz carbonique et d'acétate de calcium soluble).

4. *Si nous distillons du vin rouge, nous obtiendrons, au début de la distillation, un liquide peu dense, incolore, combustible, d'une saveur brûlante, l'eau-de-vie, tout à fait différent de ce qui restera dans la chaudière à ce moment. De plus, pendant l'ébullition, le thermomètre monte environ de 80° à 100°. Quelles conclusions peut-on tirer de cette expérience?*

Le liquide homogène, vin rouge, a été, par distillation fractionnée, scindé en deux parties ayant des propriétés différentes. De plus, au cours de la distillation, le thermomètre a monté. De chacune de ces remarques résulte que le vin rouge est un liquide homogène et non pas une espèce chimique.

5. *Que pensez-vous de la glace et de l'influence de l'eau qui a servi à la fabriquer, sachant que les microbes ne sont pas tués à 0°?*

La glace renferme à peu près les substances dissoutes et en suspension dans l'eau. Si donc celle-ci contient des microbes pathogènes, qui ne sont pas tués vers 0°, la glace sera dangereuse si l'on boit l'eau qui résulte de sa fusion.

6. Vous voulez rafraichir une boisson avec de la glace douteuse. Comparer les procédés, suivant que vous mettez la glace : 1° dans le liquide; 2° autour du récipient contenant le liquide. Imaginez alors un dispositif qui vous donne toute satisfaction (microbes, conductibilité; réchauffement extérieur).

1° En mettant la glace dans la boisson à rafraichir, on absorbe de l'eau de fusion de la glace et les microbes qu'elle renferme. — 2° La glace entourant le récipient, l'eau de fusion ne souille pas la boisson. — Comme il y a intérêt à refroidir le liquide en usant le moins de glace possible, la boisson est placée dans un récipient métallique; celui-ci est entouré de glace contenue dans un récipient mauvais conducteur de la chaleur (bois), enveloppé, s'il le faut, d'un feutre mauvais conducteur de la chaleur qui s'oppose au réchauffement par l'extérieur.

7. Les légumes herbacés (salade) sont généralement consommés crus. Expliquez les précautions à prendre avant de les apporter sur la table (lavage; nature de l'eau).

Pour enlever la terre, les poussières, il faut laver soigneusement ces légumes et avec de l'eau sans microbes pathogènes. En particulier, il faut éviter les eaux contaminées, donc les eaux dormantes et les eaux de mare.

8. A quoi attribuer la sorte de fumée produite par la respiration en hiver?

L'air expiré contient une notable proportion de vapeur d'eau. Cette vapeur se condense dans l'air froid en donnant une multitude de très petites gouttelettes d'eau qui souvent ne tardent pas à se vaporiser de nouveau.

9. Si l'on craint des réactions chimiques, par exemple en préparant des bains pour la photographie, pourquoi faut-il, à défaut d'eau distillée, prendre de l'eau de pluie?

Les réactions chimiques que l'on redoute sont dues aux sels dissous dans l'eau employée. Quand il a plu quelque temps, l'atmosphère est bien débarrassée des poussières qui s'y trouvaient en suspension. Donc l'eau provenant des nuages, ne peut, dans sa chute, que dissoudre de l'air. Si cette eau de pluie tombe sur une surface propre (en particulier, il faut attendre que le toit soit bien lavé, et pour cela on profite de fortes averses) et insoluble dans l'eau, on recueillera un liquide ne contenant pas sensiblement de solides dissous.

10. A quoi attribuez-vous les yeux du bouillon? Que dire de la solubilité des substances qui les constituent?

Les yeux du bouillon sont constitués par des globules de graisse fondue, à contours arrondis et à surface libre connexe, d'autant plus connexe que le globule a un petit diamètre. Et en effet, si une lampe est placée au-dessus de l'assiette, on voit dans chaque œil une image de même sens que la lampe, d'autant plus petite que le diamètre de l'œil est plus faible. — Chaque œil est constitué par une substance insoluble dans l'eau : par refroidissement du bouillon, on obtient à la place de chaque œil un globule de graisse opaque et d'un blanc jaunâtre.

EAU PURE

1. *L'électrolyse de 18ᵍ d'eau donne 22ˡ,4 d'hydrogène (0⁰, 1ᵃᵗᵐ) et 11ˡ,2 d'oxygène (0⁰, 1ᵃᵗ). Quand on a recueilli 50ᶜᵐ³ d'hydrogène, quel volume d'eau est disparu? Est-ce appréciable?*

22ᶜᵐ³,4 d'hydrogène proviennent de l'électrolyse de 18ᵐᵍ d'eau.

Quand on a recueilli 50ᶜᵐ³ d'hydrogène, il a été électrolysé $\dfrac{18 \times 50}{22,4} = 40^{mm³}$ d'eau qui occupent 0ᶜᵐ³,04 ,volume difficile à apprécier.

2. *Un courant de un ampère fait dégager environ 0,ᶜᵐ³116 d'hydrogène par seconde. Un courant de 3 ampères traverse un voltamètre dont la surface libre du liquide est 50ᶜᵐ². Pendant combien de temps doit-il passer pour que l'eau baisse de 1ᵐᵐ dans le verre? Quels seront les volumes théoriques des gaz formés?*

Supposons pour simplifier qu'on ait enlevé les tubes où l'on recueille les gaz (le liquide de ces tubes passerait dans le verre). Le volume d'eau à électrolyser est très sensiblement (le verre est conique) 50 × 0,1 = 5ᶜᵐ³ et sa masse est 5ᵍ. Or l'électrolyse de 18ᵍ d'eau fournit 22ˡ,4 d'hydrogène et 11ˡ,2 d'oxygène. Il se sera donc formé $\dfrac{22,4 \times 5}{18} = 6^l,222$ d'hydrogène et $\dfrac{6,222}{2} = 3^l,111$ d'oxygène. — Un courant de 3A fait dégager 0,116 × 3ᶜᵐ³ d'hydrogène durant chaque seconde. Ce courant doit donc passer pendant $\dfrac{6,222}{0,116 \times 3}$ secondes,

soit $\dfrac{6,222}{0,116 \times 3 \times 60 \times 60}$, soit près de 5 heures.

3. *Comment se fait-il que Lavoisier emploie le mot air au lieu de gaz? — Alors pour distinguer de l'air les différents gaz, il ajoute au mot air un qualificatif. ·Ainsi il dira air inflammable aqueux (hydrogène), air vital (oxygène), air fixe (gaz carbonique). — Ce nom d'air inflammable aqueux est-il bien choisi?*

Cela tient à ce que les gaz ont les propriétés physiques de l'air. — L'air inflammable aqueux est donc un gaz qui peut brûler et qu'on peut extraire de l'eau : ce nom bien significatif est donc bien choisi.

4. *Quelle masse d'eau faut-il décomposer pour obtenir 22,4ᵐ³ d'hydrogène?*

La décomposition de 18ᵍ d'eau fournit 22ˡ,4 d'hydrogène. Donc pour obtenir 22,4ᵐ³ d'hydrogène, soit mille fois plus, il faudra électrolyser 18 ᵏᵍ d'eau.

5. *On obtient 22ˡ,4 d'hydrogène en décomposant 36 ᵍ d'eau par 46ᵍ de sodium Quelle masse de sodium a réagi si on a obtenu 45 ᶜᵐ³ d'hydrogène?*

46ᵐᵍ de sodium réagissant sur 36ᵐᵍ d'eau fournissent 22ᶜᵐ³,4 d'hydrogène. Donc pour obtenir 45ᶜᵐ³ de ce gaz, il a fallu employer $\dfrac{46 \times 45}{22,4} = 92^{mg}$ de sodium (et ils ont décomposé $\dfrac{36 \times 45}{22,4} = 72^{mg}$ d'eau).

HYDROGÈNE

1. *Le service de l'Aéronautique livre des tubes à hydrogène dits de 7^{m3}, de hauteur 1^m,92, de diamètre extérieur 20^{cm}, d'épaisseur 7^{mm},5, de contenance en eau 47^l. A quelle pression s'y trouve l'hydrogène? Quelle est la masse de l'hydrogène contenu sachant que 22^l,4 d'hydrogène pèsent 2^g? — Le tube vide pèse 75^{kg}. Pourquoi ne le pèse-t-on pas pour se rendre compte s'il est plein d'hydrogène?*

La contenance du tube étant 47^l et l'hydrogène qu'il renferme occupant 7 000^l à la pression atmosphérique, d'après la loi de **Mariotte** **on a** 7 000 × 1 = 47 × p en désignant par p atmosphères la pression de l'**hydrogène** dans le tube. On a donc $p = \dfrac{7\,000}{47} = 149$ atmosphères, sensiblement. —

Puisque 22^{m3},4 d'hydrogène pèsent 2^{kg}, les 7^{m3} pèsent $\dfrac{2 \times 7}{22,4} = 0^{kg},625$. — Cette augmentation de masse est assez faible par rapport à 75 ^{kg}; aussi on n'utilise pas une bascule pour se rendre compte si le tube est plein : l'emploi d'un manomètre métallique est beaucoup plus pratique et plus précis.

2. *Les armées britanniques produisaient par électrolyse l'hydrogène (ballons) et l'oxygène (traitements médicaux, aviateurs, travaux d'atelier qui leur étaient nécessaires). Ils obtenaient 5600^{m3} d'hydrogène en 20 heures. Quel était le volume d'oxygène recueilli? Quelle était la masse d'eau électrolysée par heure? Quel était le volume de l'hydrogène ainsi fourni par jour sous la pression de 175 ^{atm}?*

Le volume de l'oxygène est la moitié du volume de l'hydrogène soit $\dfrac{5\,600}{2} = 2\,800^{m3}$. — L'électrolyse de 18^{kg} d'eau fournit 22^{m3},4 d'hydrogène; donc pour obtenir par heure $\dfrac{5\,600}{20}$ mètres cubes de ce gaz, il faut électrolyser $\dfrac{18}{22,4} \times \dfrac{5\,600}{20} = 225^{kg}$ d'eau. — D'après la loi de Mariotte, sous la pression 175^{at}, 5 600 ^{m3} d'hydrogène mesurés sous la pression 1^{atm}, occupent $\dfrac{5\,600}{175} = 32^{m3}$.

3. *En examinant les équations de préparation de l'hydrogène, montrer que le volume d'hydrogène formé dépend de la masse de zinc dissous et pas de la nature de l'acide employé.*

Avec un atome-gramme de zinc ou de fer, que l'on emploie de l'acide chlorhydrique ou de l'acide sulfurique, on obtient une molécule-gramme H^2 d'hydrogène, alors que la masse de l'acide change avec sa nature. Avec 65^g de zinc, ou avec 56^g de fer, traités par un acide étendu, il se dégage 22^l,4 de gaz.

4. *65^g de zinc peuvent donner 22^l,4 d'hydrogène. Quel poids de zinc faut-il dissoudre pour obtenir 2^l,24; 1^l,12 de gaz?*

Puisqu'il y a proportionnalité entre la masse du métal dissous et la masse du gaz formé (donc le volume), pour obtenir 2^l,24 d'hydrogène, soit 10 fois moins que 22^l,4 il faut $\dfrac{65}{10} = 6^g,5$ de zinc. Et pour avoir 1^l,12 d'hydrogène, volume qui est le vingtième de 22^l,4, il faut employer $\dfrac{65}{20} = 3^g,25$ de zinc.

5. *Déterminer les deux forces qui agissent sur un 1 m³ d'hydrogène à 0° 1ᵃᵗᵐ placé dans l'air à 0° 1ᵃᵗᵐ. En déduire la force ascensionnelle par mètre cube d'hydrogène. Quel poids pourra soulever un volume de 600ᵐ³ d'hydrogène?*

La poussée subie dans l'air par 1ᵐ³ d'hydrogène égale le poids d'un mètre cube d'air soit 1,293 kg.-poids (0°, 1ᵃᵗᵐ). La densité de l'hydrogène étant 0,069, cela signifie que le poids d'un mètre cube d'hydrogène est les $\frac{69}{1000}$ du poids du même volume d'air; donc 1ᵐ³ d'hydrogène à 0°1ᵃᵗᵐ pèse 1,293 × 0,069 kg.-poids. Ainsi ce mètre cube d'hydrogène est soumis à la force verticale ascendante 1,293 kg-poids, et à la force verticale descendante 1,293 × 0,069 kg.-poids. Ces deux forces admettent la résultante 1,293 (1 — 0,069) = 1,293 × 0,931 kg.-poids, force verticale ascendante dite force ascensionnelle. Alors un volume de 600ᵐ³ d'hydrogène pourra soulever un poids de 1,293 × 0,931 × 600 = 722 kg.-poids.

6. *22ˡ,4 d'hydrogène donnent en brûlant 18ᵍ d'eau. Quel volume d'hydrogène faut-il brûler pour obtenir 2ᶜᵐ³ d'eau? — Quelle est la quantité de chaleur dégagée par cette combustion?*

Pour obtenir 18ᵍ d'eau, il faut brûler 22ˡ,4 d'hydrogène et il se dégage 69ᵐᵗʰ. Donc pour obtenir 2ᶜᵐ³ d'eau, soit 2ᵍ, il faut brûler $\frac{22,4 \times 2}{18} = 2$ˡ,5 environ d'hydrogène et il se dégage $\frac{69}{9} = 7,67$ millithermies.

7. *Théoriquement 79ᵍ,6 d'oxyde de cuivre doivent perdre 16ᵍ et donner 18ᵍ d'eau. Si l'on a utilisé 159ᵍ,2 d'oxyde, quelle sera sa diminution de masse, quelle sera la masse de l'eau produite et la masse de l'hydrogène oxydé?*

79ᵍ,6 d'oxyde de cuivre chauffés avec de l'hydrogène cèdent 16ᵍ d'oxygène et donnent 18ᵍ d'eau. Donc 159ᵍ,2 d'oxyde $\left(\frac{159,2}{79,6} = 2 \right)$ subiront une diminution de masse de 16 × 2 = 32ᵍ en produisant 18 × 2 = 36ᵍ. d'eau. Comme ces 36ᵍ d'eau renferment 32ᵍ d'oxygène, c'est que 36 — 32 = 4ᵍ d'hydrogène ont été oxydés.

8. *Dans l'expérience relative à la synthèse de l'eau, quelle masse d'eau aurait-on dû théoriquement obtenir si réellement l'oxyde de cuivre a diminué de 0ᵍ,90?*

16ᵍ d'oxygène s'unissent à 2ᵍ d'hydrogène pour donner 18ᵍ d'eau. La diminution de masse de l'oxyde de cuivre représente la masse de l'oxygène entrée en combinaison. Alors 0ᵍ,90 d'oxygène donneraient $\frac{18 \times 0,90}{16} = 1$ᵍ,01 d'eau.

9. *Dans une autre expérience de synthèse de l'eau, on a obtenu les nombres suivants. Masse initiale du tube T à oxyde de cuivre 24ᵍ,2 masse finale 23ᵍ,3. — Masse initiale du tube R (fig. 71), 32ᵍ,0; masse finale 32ᵍ,0. — Masse initiale du tube 43ᵍ,1; masse finale 43ᵍ,2. — En déduire la composition de l'eau.*

Pourquoi faut-il éviter avec le plus grand soin qu'il ne reste de l'eau dans le joint de caoutchouc?

La diminution de masse du tube à oxyde de cuivre 24,2 — 23,3 = 0ᵍ,9 représente la masse de l'oxygène combiné à l'hydrogène. L'augmentation de masse des tubes desséchants soit (32,9 — 32,0) + (43,2 — 43,1) = 0,9 + 0ᵍ,1 = 1ᵍ,0 représente la masse de l'eau formée. — De cette expérience résulte que $1^g,0$ d'eau contient $0^g,9$ d'oxygène et $1,0 - 0,9$ $0^g,1$ d'hydrogène. Donc 18^g d'eau contiendraient $0,9 \times 18$ $16^g,2$ d'oxygène et $0,1 \times 18 = 1^g,8$ d'hydrogène. Nous ne sommes pas loin des nombres exacts, ceci montre la **difficulté** des expériences de précision.

S'il restait de l'eau dans le joint de caoutchouc, cela aurait une grande importance puisqu'ici la masse de l'eau formée est faible. Voilà pourquoi il y a lieu de chauffer légèrement ce joint pour vaporiser l'eau dont les vapeurs sont entraînées par le courant d'hydrogène.

CHIMIE GÉNÉRALE

1. *Étant donné les masses atomiques (page 107) des gaz diatomiques oxygène, azote, hydrogène, chlore, montrer : 1° que leur ordre de densité par rapport à l'air est l'ordre de ces masses atomiques; 2° que le rapport de ces densités est égal au rapport des masses atomiques. En déduire par exemple que la densité du chlore est plus que le double de celle de l'oxygène; et que celle de l'hydrogène est le $\frac{1}{16}$ de celle de l'oxygène.*

Tout compte fait, on obtient la densité d d'un gaz par rapport à l'air en divisant la molécule-gramme m par 29. Or la molécule-gramme m^g d'un gaz diatomique est le double de son atome-gramme a^g. Ainsi pour un gaz diatomique $d = \frac{2a}{29}$; pour un autre $d' = \frac{2a'}{29}$ ... Toutes ces fractions ayant le même dénominateur, leurs valeurs d, d'.... sont dans le même ordre de grandeur que les numérateurs et par suite que les masses atomiques a, a'.... — D'autre part $\frac{d}{d'} = \frac{2a}{29} : \frac{2a'}{29} = \frac{a}{a'}$; le rapport de deux densités égale le rapport des masses atomiques correspondantes. Pour le chlore $a = 35,5$, pour l'oxygène $a' = 16$; donc $\frac{d}{d'} = \frac{35,5}{16}$ nombre supérieur à 2. Pour l'hydrogène $a = 1$; pour l'oxygène $a' = 16$; donc $\frac{d}{d'} = \frac{1}{16}$.

2. *Traiter le même problème que le problème 1 en considérant des corps composés gazeux, mais en remplaçant la masse atomique par la molécule-gramme. On examinera les espèces chimiques : vapeur d'eau H_2O; gaz sulfureux SO_2; gaz carbonique CO_2, gaz sulfhydrique H_2S.*

La densité d d'un gaz par rapport à l'air s'obtient en divisant par 29, la molécule-gramme m. Donc pour un gaz $d = \frac{m}{29}$; pour un autre $d' = \frac{m'}{29}$ ... Toutes ces fractions ayant le même dénominateur, leurs valeurs d, d'... sont dans le même ordre que les molécules-gramme m, m'.... D'autre part $\frac{d}{d'} = \frac{m}{29} : \frac{m'}{29} = \frac{m}{m'}$; le rapport de deux densités égale le rapport des molécules-gramme correspondantes. Pour l'eau $m = 1 \times 2 + 16 = 18^g$; pour le gaz sulfureux $m' = 32 + 16 \times 2 = 64^g$; donc $\frac{d}{d'} = \frac{18}{64} = 0,3$ environ. Pour le gaz carbonique $m = 12 + 16 \times 2 = 44^g$; pour le gaz sulfhydrique $m' = 1 \times 2 + 32 = 34^g$; donc $\dfrac{d}{d'} \quad \dfrac{44}{34} = 1,3$ environ.

3. *En reprenant la définition de la densité par rapport à l'air et en remplaçant le mot air par le mot hydrogène, on a la définition de la densité d'une substance gazeuse par rapport à l'hydrogène.*

Montrer : 1° *que la densité de l'air est* $\dfrac{29}{2} = 14,5$ *environ;* 2° *que la densité d'une espèce chimique gazeuse de molécule-gramme m^g a pour valeur* $\dfrac{m}{2}$ *;* 3° *que la densité d'un corps simple gazeux diatomique a pour valeur a, a^g étant l'atome-gramme.*

La densité d d'un gaz par rapport à l'hydrogène est mesurée par le rapport qui existe entre la masse d'un certain volume de ce gaz et la masse du même volume d'hydrogène, tous deux pris dans les mêmes conditions de température et de pression. Or $22^l,4$ d'air $(0^o, 1^{atm})$ pèsent 29^g, $22^l,4$ d'hydrogène $(0^o\ 1^{atm})$ pèsent 2^g; la densité de l'air par rapport à l'hydrogène est donc $\dfrac{29}{2} = 14,5$ environ (nous disons environ car ces $22^l,4$ d'air pèsent $28^g,96$ et la molécule-gramme de l'hydrogène est exactement $2,016$). — Toute molécule-gramme d'une espèce chimique gazeuse occupe $22^l,4$ $(0^o, 1^{atm})$; le même volume d'hydrogène $(0^o, 1^{at})$ pèse 2^g; donc $d = \dfrac{m}{2}$. — La molécule-gramme d'un corps simple gazeux diatomique pèse $a \times 2^g$ et occupe $22^l,4$ $(0^o, 1^{atm})$. Le même volume d'hydrogène $(0^o, 1^{atm})$ pèse 1×2^g. La densité du corps simple gazeux considéré par rapport à l'hydrogène est donc $\dfrac{a \times 2}{1 \times 2} = a$.

4. *Reprendre les composés binaires oxygénés obtenus au paragraphe 44. Déterminer la formule, la molécule-gramme, la composition centésimale de chacun d'eux, et la composition en volume s'il y a lieu.*

L'atome-gramme du soufre, du phosphore, du carbonate et de l'oxygène étant respectivement 32^g, 31^g, 12^g et 16^g, les nombres indiqués montrent que 1 atome de **S** se combine à 2 atomes de **O** d'où la formule **SO²** du gaz sulfureux; que 2 atomes de **P** se combinent à 5 atomes de **O** d'où la formule **P²O⁵** de l'anhydride phosphorique; que 1 atome de **C** se combine à 2 atomes de **O** d'où la formule **CO²** de l'anhydride carbonique. — Les molécules-grammes respectives de ces substances sont

$$32 + 16 \times 2 = 64^g\ (\mathbf{SO^2});\quad 31 \times 2 + 16 \times 5 = 142^g\ (\mathbf{P^2O^5});\quad 12 + 16 \times 2 = 44^g\ (\mathbf{CO^2}).$$

— Ainsi 64^g d'anhydride sulfureux contiennent 32^g de **S** et 32^g de **O**; donc 100^g renferment 50^g **S** et 50^g **O**. De même l'anhydride phosphorique contient $\dfrac{62 \times 100}{142} = 43,66\ ^0/_0$ de **P** et $\dfrac{80 \times 100}{142} = 56,34\ ^0/_0$ de **O**. Enfin sur 100^g de **CO²** il y a $\dfrac{12 \times 100}{44} = 27^g,27$ de **C** et $\dfrac{32 \times 100}{44} = 72^g,72$ de **O**. — Il n'y a lieu que de parler de la composition en volume des **gaz SO²** et **CO²**.

Chacune de ces formules montre qu'une molécule du gaz contient une molécule d'oxygène diatomique : ainsi le volume du gaz égale le volume de l'oxygène entré en réaction (mêmes température et pression).

5. *Montrer que pour écrire l'équation exacte de l'oxydation d'un corps simple il suffit de connaître la formule du composé qui se forme.*

Écrire les équations de combustion de **S**, **P**, **C**, **Mg**, **Al**, *sachant que les corps qui se forment sont respectivement* **SO³** (*gaz*), **P²O⁵**, **CO²** (*gaz*), **MgO**, **Al²O³**, *avec un dégagement de* 69,3; 365,2; 94,3; 144 *et* 385,8 *millithermies.*

Une formule telle que **SO²** montre en effet qu'une molécule de cette substance contient un atome de soufre et deux atomes d'oxygène, et, par suite résulte de la combinaison d'un atome de soufre et de deux atomes. On a donc les équations :

$$
\begin{aligned}
\mathbf{S} + \mathbf{2O} &= \mathbf{SO^2} \quad 69{,}3 \ \textit{mth.}\\
\mathbf{2P} + \mathbf{5O} &= \mathbf{P^2O^5} \quad 365{,}2 \ \textit{mth.}\\
\mathbf{C} + \mathbf{2O} &= \mathbf{CO^2} \quad 94{,}3 \ \textit{mth.}\\
\mathbf{Mg} + \mathbf{O} &= \mathbf{MgO} \quad 144 \ \textit{mth.}\\
\mathbf{2Al} + \mathbf{3O} &= \mathbf{Al^2O^3} \quad 385{,}8 \ \textit{mth.}
\end{aligned}
$$

6. *On veut oxyder totalement* 6ᵍ,4 *de cuivre. Quelle sera la masse de l'oxygène nécessaire?*

La formule **CuO** montre qu'un atome-gramme de cuivre, soit 64ᵍ, se combine à un atome-gramme, soit 16ᵍ d'oxygène.

Comme il y a proportionnalité entre ces masses, 6ᵍ,4 de cuivre soit $\dfrac{64^g}{10}$ s'unissent à $\dfrac{16}{10} = 1^g{,}6$ d'oxygène pour donner $6{,}4 + 1{,}6 = 8^g$ d'oxyde de cuivre.

7. *Même question que la précédente, mais on demande le volume de l'oxygène* (*mesuré à* 0° *et* 1ᵃᵗᵐ).

La formule **CuO** montre qu'un atome-gramme de cuivre, soit 64ᵍ, se combine à un atome-gramme soit 11ˡ,2 (0°, 1ᵃᵗᵐ) d'oxygène diatomique. Donc 6ᵍ,4 de cuivre se combinent à $\dfrac{11{,}2}{10} = 1^l{,}12$ d'oxygène (0°, 1ᵃᵗᵐ).

8. *On fait passer* 100ˡ *d'air sec et sans gaz carbonique, mesurés à* 0° *et* 1ᵃᵗᵐ, *sur* 20ᵍ *de cuivre chauffé. En supposant l'oxygène totalement absorbé, quels seront :* 1° *la masse de l'oxyde de cuivre formé;* 2° *la masse finale du contenu du tube à cuivre;* 3° *le volume* (*à* 0° *et* 1ᵃᵗᵐ) *du gaz restant après l'expérience.*

100ˡ d'air sec renferment 21ˡ d'oxygène et 79ˡ d'azote.

L'équation **Cu** + **O** = **CuO** montre qu'un atome-gramme, soit 16ᵍ, soit aussi 11ˡ,2 d'oxygène diatomique, s'unissent à un atome-gramme de cuivre, soit 64ᵍ pour donner $16 + 64 = 80^g$ d'oxyde de cuivre.

Comme il n'y a que 20ᵍ de cuivre, tout ce métal sera oxydé en donnant $\dfrac{80 \times 20}{64} = 25^g$ d'oxyde de cuivre qui représente la masse finale du contenu du tube à cuivre.

Cette oxydation a nécessité $\dfrac{11{,}2 \times 20}{64} = 3^l{,}5$ d'oxygène. Il reste donc après l'expérience $21 - 3{,}5 = 17^l{,}5$ d'oxygène et 79ˡ d'azote (0°, 1ᵃᵗᵐ).

9. *Ecrire l'équation de décomposition de l'oxyde de mercure.*

Dans une telle décomposition on a recueilli 60^{cm3} *d'oxygène (mesurés à* $0°$ *et* 1^{atm}*). Quelle est la masse d'oxyde décomposé et la masse de mercure apparu?*

La décomposition de l'oxyde de mercure se fait suivant l'équation

$$HgO + Hg = O.$$

Elle montre que $201 + 16 = 217^{mg}$ d'oxyde mercurique donnent, en se décomposant totalement, un atome-milligramme de mercure, soit 201^{mg}, et un atome-milligramme, soit $11^{cm3},2$ ($0°$, 1^{atm}) d'oxygène diatomique.

Alors 60^{cm3} d'oxygène proviennent de la décomposition de $\dfrac{217 \times 60}{11,2}$

$= 1162^{mg},5$ d'oxyde de mercure, et il est apparu $\dfrac{201 \times 60}{11,2} = 1076^{mg},8$ de mercure.

10. *Déterminer les masses et volumes d'oxygène nécessaires pour oxyder complètement* $3^g,1$ *de phosphore* (P^2O^5); $6^g,4$ *de soufre* (SO^2); $3^g,6$ *de carbone* (CO^2); $4^g,8$ *de magnésium* (MgO); $5^g,6$ *de fer* (Fe^3O^4).

● Les formules P^2O^5, SO^2, CO^2, MgO, Fe^3O^4 montrent que pour oxyder complètement 31×2^g de phosphore; 32^g de soufre; 12^g de carbone; 24^g de magnésium, et 56×3^g de fer, il faut respectivement 16×5^g, soit $11,2 \times 5^l$; 15×2^g, soit $22^l,4$; 16×2^g, soit $22^l,4$; 16^g, soit $11^l,2$, et 16×4^g soit $22,4 \times 2^l$ d'oxygène diatomique.

L'oxydation de $3^g,1$ de phosphore exige donc $\dfrac{11,2 \times 5}{10 \times 2} = 2^l,8$ d'oxygène ($0°$, 1^{atm}) qui pèsent $\dfrac{16 \times 5}{10 \times 2} = 4^g$. — L'oxydation de $6^g,4$ de soufre exige $\dfrac{16 \times 2 \times 2}{10} = 6^g,4$ d'oxygène qui occupent $\dfrac{22,4 \times 2}{10} = 4^l,48$ ($0°$, 1^{atm}). — L'oxydation de $3^g,6$ de carbone exige $\dfrac{16 \times 2 \times 3}{10} = 9^g,6$ d'oxygène qui occupent $\dfrac{22,4 \times 3}{10} = 6^l,72$ ($0°$, 1^{atm}) exige la même quantité d'oxygène que pour oxyder $4^g,8$ de magnésium; il faut $\dfrac{16 \times 2}{10} = 3^g,2$, soit $11^l,2 \times 0,2 = 2^l,24$ d'oxygène. — Enfin l'oxydation de $5^g,6$ de fer demande $\dfrac{16 \times 4}{30} = 2^g,13$ d'oxygène qui occupent $\dfrac{22,4 \times 2}{30} = 1^l,49$ ($0°$, 1^{atm}.).

11. *Déterminer la molécule-gramme et la composition centésimale des acides sulfurique* SO^4H^2 *et chlorhydrique* HCl.

La molécule-gramme de l'acide sulfurique est $32 + 16 \times 4 + 1 \times 2 = 98^g$. Ainsi 98^g de cet acide renferment 32^g de soufre, 64^g d'oxygène et 2^g d'hydrogène, et 100^g en contiennent $\dfrac{32 \times 100}{98} = 32^g,65$; $\dfrac{64 \times 100}{98} = 65^g,31$ et $\dfrac{2 \times 100}{98} = 2^g,04$ $\left(\dfrac{100}{49} = 2,0408\right)$.

Vérification $32,65 + 65,31 + 2,04 = 100,00$.

La molécule-gramme de **HCl** est $1 + 35,5 = 36^g,5$ et contient 1^g de **H** et $35^g,5$ de **Cl**. La composition centésimale cherchée est donc $\dfrac{1 \times 100}{36,5} = 2,74\,^0/_0\ \hat{H}$ et $\dfrac{35,5 \times 100}{36,5} = 97,26\,^0/_0\ \mathbf{Cl}$.

12. *L'équation de préparation de l'oxygène par le chlorate de potassium est*
$$\mathbf{ClO^5K = O + KCl}$$

Cette équation exprime-t-elle bien la réaction (27)? Est-elle exacte? Une fois corrigée, chercher le volume du gaz recueilli (0° et 1^{atm}) quand on décompose totalement 4^g de chlorate (puis $12^g,25$).

Il n'y a dans le second membre qu'un atome d'oxygène; si donc elle exprime bien la réaction (formation d'oxygène et de chlorure de potassium), elle est cependant inexacte. Aussi nous écrivons
$$\mathbf{ClO^3K = 3O \nearrow + KCl.}$$

Cette équation montre que $35,5 + 16 \times 3 + 39 = 122^g,5$ de **chlorate de potassium** produisent $11,2 \times 3^l$ d'oxygène diatomique. Donc, en décomposant totalement 4^g de chlorate, on obtiendra $\dfrac{11,2 \times 3 \times 4}{122,5} = 1^l,1$ environ d'oxygène (1°, 1^{atm}).

En décomposant $12^g,25$ de chlorate, on obtiendrait : $\dfrac{11,2 \times 3 \times 12,25}{122,5} = \dfrac{11,2 \times 3}{10} = 3^l,46$ d'oxygène.

13. *Quelle masse d'acide sulfurique pur SO^4H^2 faut-il employer pour dissoudre 30^g de zinc. — Quel est le volume (0°, 1^{atm}) du gaz produit? — Quelle est la masse du sulfate de zinc qu'on obtiendrait en évaporant le liquide du flacon?*

L'acide sulfurique étendu réagit sur le zinc suivant l'équation
$$\mathbf{SO^4H^2 + Zn = SO^4Zn + 2H \nearrow.}$$

Ainsi $32 + 16 \times 4 + 1 \times 2 = 98^g$ d'acide sulfurique dissolvent 65^g de zinc en dégageant une molécule-gramme d'hydrogène diatomique soit $22^l,4$ (0°, 1^{atm}), et en produisant une molécule-gramme de sulfate de zinc cristallisé $SO^4Zn, 7\ H^2O$, soit $(32 + 16 \times 4 + 65) + 7 (1 \times 2 + 16) = 287^g$.

Donc pour dissoudre 30^g de zinc il faut $\dfrac{98 \times 30}{65} = 45^g,23$ d'acide sulfurique; il se dégage $\dfrac{22,4 \times 30}{65} = 1^l,03$ d'hydrogène (0°, 1^{atm}) et il se forme $\dfrac{287 \times 30}{65} = 132^g,46$ de sulfate cristallisé.

14. *Traduire en volume et en masses les équations relatives à la préparation de l'hydrogène. En déduire la masse d'acide nécessaire pour dissoudre $6^g,5$ de zinc et le volume d'hydrogène recueilli.*

Dans le problème précédent nous avons étudié le cas de l'acide sulfurique. Avec $6^g,5$ de zinc il faut $\dfrac{98 \times 6,5}{65} = 9^g,8$ d'acide sulfurique, et on recueille $\dfrac{22,4}{10} = 2^l24$ d'hydrogène.

Si l'on a pris de l'acide chlorhydrique, l'équation de réaction est

$$2HCL + Zn = Zn\ CL^2 + 2H.$$

Ainsi $(1 + 35,5)\ 2 = 73^g$ d'acide dissolvent 65^g de zinc et il se dégage $22^l,4$ d'hydrogène diatonique. Avec $6^g,5$ de zinc, soit 10 fois moins, il faut $7^g,3$ d'acide chlorhydrique et on obtient $2^l,24$ d'hydrogène.

15. *Des données du problème 5, déduire la quantité de chaleur dégagée par la combustion de 1^g de chacun des corps simples étudiés.*

Nous pouvons dire que l'oxydation de 32^g de soufre (SO^2), de $31 \times 2 = 62^g$ de phosphore (P^2O^5), de 12^g de charbon (CO^2), de 24^g de magnésium (MgO), de $27 \times 2 = 54^g$ d'aluminium ($Al^2\ O^2$) dégage respectivement 69,3; 365,2; 94, 3; 144, et 385,8 millithermies.

Pour 1^g on obtient les nombres respectifs $\dfrac{69,3}{32} = 2,2$; $\dfrac{365,2}{62} = 5,9$; $\dfrac{94,3}{12} = 7,9$; $\dfrac{144}{24} = 6,0$; $\dfrac{385,8}{54} = 7,1$ millithermies.

16. *De l'équation* $Na + H^2O = NaOH = H \nearrow$ *déduire la masse de sodium utilisé la masse d'eau décomposée, la masse de soude formée quand on a recueilli $2,24$ d'hydrogène.*

L'équation montre que 23^g de sodium décomposent $1 \times 2 + 16 = 18^g$ d'eau en formant $23 + 16 + 1 = 40^g$ de soude caustique et dégageant $11^l,2$ d'hydrogène diatomique.

Comme $2^l,24$ est les $\dfrac{2}{10}$ de $11^l,2$, il faut multiplier tous les nombres obtenus par $\dfrac{2}{10}$. Ainsi il faut utiliser $4^g,6$ de sodium; $3^g,6$ d'eau sont décomposés et il se forme 8^g de soude caustique.

17. *Quelle masse de fer faut-il oxyder pour obtenir 224^{m3} d'hydrogène? De combien la masse du fer a-t-elle augmenté?*

La décomposition de la vapeur d'eau par le fer au rouge a lieu suivant l'équation

$$4\ H^2O + 3\ Fe = Fe^3O^4 + 8\ H \nearrow.$$

Elle montre que 56×3 kilogrammes de fer produisent $22,4 \times 4$ mètres cubes d'hydrogène diatonique et qu'à ce fer se combinent 16×4 kilogrammes d'oxygène.

Donc pour obtenir $22^{m3},4$ d'hydrogène il faut $\dfrac{56 \times 3}{4} = 42^{kg}$ de fer, dont la masse augmentera de $\dfrac{16 \times 4 \times 3}{4} = 48^{kg}$.

ACIDES — BASES — SELS

1. *Le gaz d'éclairage, le pétrole, donnent en brûlant de l'eau. Que faut-il en conclure? — Peut on les ranger parmi les acides sachant que, même en présence d'eau, ils ne conduisent pas le courant?*

Le gaz d'éclairage, le pétrole donnant en brûlant de l'eau, comme l'air ne peut fournir tout l'hydrogène de l'eau, c'est que la substance qu'on a brûlé est hydrogénée. — Mais comme elles ne conduisent pas le courant électrique, on ne saurait en faire des acides.

2. *En se servant du tableau des masses atomiques et des équations de neutralisation, déterminer la masse des acides chlorhydrique, sulfurique, azotique que peut neutraliser une molécule-gramme de soude* **NaOH.**

Les équations

$$HCl + NaHO = NaCl + H^2O$$
$$SO^4H^2 + 2NaOH = SO^4Na^2 + 2H^2O$$
$$NO^3H + NaOH = NO^3Na + H^2O$$

montrent qu'une molécule-gramme de soude caustique neutralise respectivement une, une demi, une molécule-gramme, soit $1 + 35,5 = 36^g,5$;

$$\frac{32 + 16 \times 4 + 1 \times 2}{2} = 49^g, \quad \text{et} \quad 14 + 16 \times 3 + 1 = 63^g \text{ des}$$

acides chlorhydrique, sulfurique et nitrique.

3. *On appelle* solution normale *de soude une solution contenant* 40^g *de soude caustique pure (une molécule-gramme) par litre. Pour neutraliser* 20^{cm3} *d'un acide usuel (considérer les trois successivement), il a fallu* 40^{cm3} *de soude normale. En déduire la masse d'acide pur contenu dans un litre de la dissolution acide.*

$1\,000^{cm3}$ de liqueur basique contenant une molécule-gramme de soude **NaOH** neutralisent respectivement une, une demi, et une molécule-gramme des acides chlorhydrique, sulfurique et azotique (problème précédent). Puisque 40^{cm} de soude normale neutralisent 20^{cm3} d'acide, $1\,000^{cm3}$ en neutraliseraient $\frac{20 \times 1\,000}{4} = 500^{cm3}$. Ainsi 500^{cm3} de liqueur acide renferment une molécule-gramme de **HCl** ou de **NO³H** et une demi-molécule-gramme de **SO⁴H²**.

Alors un litre de dissolution acide contient $(1 + 35,5)\,2 = 73^g$ d'acide chlorhydrique; $(14 + 16 \times 3 + 1)\,2 = 126^g$ d'acide azotique, et $32 + 16 \times 4 + 1 \times 2 = 98^g$ d'acide sulfurique.

4. *On lit dans le Recueil des constantes physiques que l'acide chlorhydrique de densité 1,18 contient* $35\,^0/_0$ *de son poids d'acide* **HCl,** *c'est-à-dire que* 100^g *de dissolution contiennent* 35^g *d'acide pur. Déterminer le volume à* 0° 1^{atm} *de gaz* **HCl** *dissous dans* 1^l *de cette dissolution. — On lit de même que l'ammoniaque de densité 0,93 titre* $19\,^0/_0$ *en poids de gaz* **NH³.** *Résoudre le même problème.*

Un litre de cet acide chlorhydrique pèse $1^{kg},18$ et contient $1,18 \times 0,35 = 0^{kg},413$ de gaz **HCl** dissous. La formule **HCl** montre que $1 + 35,5 = 36^g,5$ de gaz chlorhydrique occupent $22^l,4$ (0°, 1^{atm}). Donc 413^g occuperaient $\frac{22,4 \times 413}{36,5} = 253^l$ environ.

Un litre de cette ammoniaque pèse $0^{kg},93$ et contient $0,93 \times 0,19$ kilogramme de gaz **NH³** dissous. La formule **NH³** montre que $14 + 1 \times 3 = 17^g$ de gaz ammoniac occupe $22^l,4$ (0°, 1^{atm}). Donc 1^l d'ammoniaque pourrait fournir $\frac{22,4 \times 0,93 \times 0,19 \times 1\,000}{17} = 233^l$ environ.

CARBONE

1. *On prend 12ᵍ d'une substance que l'on brûle complètement. Quelle est la masse maximum et minimum de gaz carbonique formé? Si l'on obtient pᵍ de ce gaz, quelle est la richesse pour 100 du corps en carbone?*

12ᵍ de carbone se combinent à 32ᵍ d'oxygène pour donner $12 + 32 = 44ᵍ$ de gaz carbonique. Suivant que les 12ᵍ de substance sont du carbone pur, ou ne renferment pas de cette substance, on obtient respectivement 44ᵍ et 0ᵍ d'anhydride carbonique.

Et si l'on obtient pᵍ de CO_2, ces pᵍ correspondent à $\dfrac{12 \times p}{44} = \dfrac{3}{11} p$ grammes de carbone, contenus dans 12ᵍ de la substance complètement brûlée. Alors 100ᵍ de cette substance renferment $\dfrac{3}{11} p \times \dfrac{100}{12} = \dfrac{25}{11} p = 2{,}273\ p$ $^0/_0$ de carbone.

2. *Prouver que le carbone totalement brûlé donne une masse d'anhydride carbonique égale aux $\dfrac{11}{3}$ de la masse du carbone.*

Puisque 12ᵍ de carbone totalement brûlé donnent 44ᵍ de gaz carbonique, mᵍ de carbone en donneraient $\dfrac{44 \times m}{12} = \dfrac{11}{3} m$ grammes.

3. *Qu'arriverait-il vraisemblablement si, quand on chauffe fortement un tube de pâte de graphite, l'on ne prenait pas la précaution d'entourer la région des bouchons d'étoffe ou de papier mouillés?*

Le graphite étant bon conducteur de la chaleur, la région des bouchons est portée à une température assez élevée, à laquelle les bouchons sont désorganisés. En particulier un bouchon de liège serait carbonisé superficiellement et la fermeture hermétique du tube ne serait plus assurée.

4. *Le pouvoir calorifique du bon charbon rapporté au kilogramme est 7,5 thermies (7,5 th); celui de la tourbe sèche 5 th. A 20 $^0/_0$ d'humidité il tombe à 3,5 th. environ. En effet combien 1 000ᵏᵍ de cette tourbe contiennent-ils de tourbe sèche? Quelle quantité de chaleur dégage la combustion de cette tourbe sèche? Quelle partie de cette chaleur est utilisée pour vaporiser l'eau, sachant que la vaporisation de 1ᵏᵍ d'eau demande 0,65 th.?*

A 20 $^0/_0$ d'humidité la tourbe contient les $\dfrac{4}{5}$ de sa masse de tourbe sèche, soit 800ᵏᵍ pour 1 000ᵏᵍ de tourbe humide.

Ainsi 1ᵏᵍ de cette tourbe renferme 0ᵏᵍ,8 de tourbe sèche dont la combustion dégage $5 \times 0{,}8 = 4$ thermies. D'autre part la vaporisation des 0ᵏᵍ,2 d'eau contenue exige $0{,}65 \times 0{,}2 = 0{,}13$ thermie. Il semblerait donc que l'on arrive à $4 - 0{,}13 = 3{,}87$ *th* par kilogramme de tourbe brûlée.

Comme on n'obtient que 3,5 *th.*, c'est que l'explication donnée n'est pas encore suffisante.

5. *On peut adopter les rendements moyens suivants;*

$85^0/_0$ *du bois vert en bois sec; $36^0/_0$ du bois sec en charbon; $30^0/_0$ du bois vert* *en charbon. En examinant la question comme dans le problème 4, est-il surprenant que l'on compte comme pouvoirs calorifiques au kilogramme 7 th.; 2,8 th.; 3,6 th. pour le charbon des meules (6 ou 7 % d'humidité), pour le bois ordinaire et pour le bois sec?*

100^{kg} de bois vert donnant 85^{kg} de bois sec, et 100^{kg} de bois sec donnant 36^{kg} de charbon; il en résulte que 100^{kg} de bois vert doivent donner $0,36 \times 85 = 30^{kg},6$ de charbon. C'est le nombre indiqué.

1^{kg} de bois vert donne alors $0^{kg},30$ de charbon et $0^{kg},70$ d'eau (nous examinons très simplement la question); 1^{kg} de bois sec donne $0^{kg},36$ de charbon et $0^{kg},64$ d'eau; 1^{kg} de charbon donne $0^{kg},94$ de charbon et $0^{kg},06$ d'eau. — Ainsi, comme la vaporisation de $0^{kg},06$ d'eau exige $0,65 \times 0,06 = 0,04$ *th* environ, on peut dire que la combustion de $0^{kg},94$ de charbon donne 7,04 *th* et qu'alors la combustion de 1^{kg} dégage $\dfrac{7,04 \times 1}{0,94} = 7,5$ *th*. — La combustion de $0^{kg},30$ (bois vert) et de $0^{kg},36$ (bois sec) de charbon donne respectivement $7,5 \times 0,3 = 2,25$ et $7,5 \times 0,36 = 2,7$ *th*. Et la vaporisation de $0^{kg},70$ (bois vert) et $0^{kg},64$ (bois sec) d'eau absorbe respectivement $0,65 \times 0,7 = 0,45$ *th* et $0,65 \times 0,64 = 0,4$ *th*. On serait donc conduit aux pouvoirs calorifiques $2,25 - 0,45 = 1,8$ *th* et $2,7 - 0,4 = 2,3$ *th*, nombres bien inférieurs aux nombres indiqués. Il en résulte qu'il ne faut pas considérer du bois comme une pâte de charbon et d'eau (c'est ce que nous avons fait). En effet le bois est essentiellement constitué par de la cellulose.

6. *Quelle masse théorique de carbone faut-il brûler pour porter à 100° 1^l d'eau pris à 0°? — Quel est le volume d'anhydride carbonique formé? — Quel est le volume d'oxygène, puis d'air nécessaire à cette combustion?*

Pour élever de 100° la température de 1^{kg} d'eau il faut 100 *mth*.
L'équation de combustion du charbon

$$\mathbf{C + 2O = CO^2 + 94,3 \ mth}$$

montre que la combustion complète de 12^g de charbon exige $22^l,4$ d'oxygène diatomique, donne $22^l,4$ d'anhydride carbonique et dégage 94,3 *mth*.

Pour obtenir 100 *mth*, il faut brûler $\dfrac{12 \times 100}{94,3} = 12^g,7 \left(\dfrac{100}{94,3} = 1,060 \right)$ de charbon. Ceci exige $22,4 \times 1,060 = 23^l,7$ d'oxygène, donc $22,4 \times 1,060 \times 5 = 118^l,7$ d'air. Et il se dégage $23^l,7$ de gaz carbonique (volume égal à celui de l'oxygène).

CARBONATE DE CALCIUM
ANHYDRIDE CARBONIQUE
OXYDE DE CARBONE

1. *Traduire l'équation* $\mathbf{CO^3Ca = CO^2 \nearrow + CaO}$ *en masse et en volume. — Quelle masse de chaux vive doit-on obtenir avec 5^g de marbre et quel volume de* $\mathbf{CO^2}$ *doit-on recueillir, sachant que 44^g de gaz* $\mathbf{CO^2}$ *occupent $22^l,4$ (0°, 1^{atm})?*

L'équation $\mathbf{CO^3Ca = CO^2 \nearrow + CaO}$
montre que $12 + 16 \times 3 + 40 = 100^g$ de calcaire produisent $12 + 16 \times 2 = 44^g$ de gaz carbonique, qui occupent $22^g,4$ (0°, 1^{atm}), et aussi $40 + 16 = 56^g$ de chaux vive.

D'après la loi des proportions définies, 5^g de calcaire donneront $\dfrac{56 \times 5}{100} = 2^g,8$ de chaux vive et il sera recueilli $\dfrac{22,4 \times 5}{100} = 1^l,12$ de gaz carbonique.

2. *On a constaté que 5^g de marbre blanc ont donné $2^g,8$ de chaux vive. S'il ne s'est échappé que du gaz carbonique, déduire la proportion $^0/_0$ de CO^2 contenu dans le calcaire pur. — Pourquoi peut-on affirmer que le calcaire contient du carbone?*

5^g de marbre blanc ont donc produit $5 - 2,8 = 2^g,2$ de gaz carbonique. Donc 100^g en fourniraient $\dfrac{2,2 \times 100}{5} = 44^g$.

L'anhydride carbonique CO^2 contient du carbone qui ne peut ici provenir que du marbre (ni la porcelaine, ni l'air ne renferment de carbone).

3. *L'expérience prouve que $22^l,4$ de gaz CO^2 pris à 0° et 1^{atm} pèsent 44^g. De l'expérience précédente déduire quel volume de CO^2 (0°, 1^{atm}) donnera 1^{kg} de marbre blanc.*

Du problème précédent résulte alors que 100^g de marbre blanc fourniraient $22^l,4$ de gaz carbonique (0°, 1^{atm}).

Alors 1^{kg} en donnerait 224^l.

4. *Quelle est la perte théorique de masse que doivent subir 20^g de calcaire dissous dans une quantité suffisante d'acide chlorhydrique HCl étendu?*

La décomposition d'une molécule-gramme de calcaire CO^3Ca (ou CO^2CaO) soit $12 + 16 \times 3 + 40 = 100^g$, produit une molécule-gramme CO^2 d'anhydride carbonique, soit $12 + 16 \times 2 = 44^g$ de ce gaz.

En dissolvant 20^g de calcaire dans l'acide chlorhydrique (ou dans un autre acide), la perte de masse sera donc $\dfrac{44 \times 20}{100} = 8^g,8$.

Remarque : Nous n'avons pas tenu compte de la solubilité de CO^2 dans l'eau.

5. *Quelle masse de calcaire faut-il dissoudre pour obtenir $2^l,24$ de gaz CO^2?*

En dissolvant dans un acide une molécule-gramme de calcaire CO^3Ca (ou $CO^2\,CaO$), soit $12 + 16 \times 3 + 40 = 100^g$, il se dégage une molécule-gramme CO^2, soit $22^l, 4$ (0°, 1^{atm}) de gaz carbonique.

Pour obtenir $2^l,24$ de gaz carbonique, soit 10 fois moins, il faut donc dissoudre $\dfrac{100}{10} = 10^g$ de calcaire.

Remarque : Nous n'avons pas tenu compte de la solubilité de CO^2 dans l'eau.

6. *Un creuset vide pèse 74^g. Plein de marbre il pèse 157^g. Quand on l'a chauffé une demi-heure, on constate que la masse totale a diminué de 29^g. 1° Montrer que la transformation en chaux vive n'est pas totale; 2° Calculer le volume de CO^2 que l'on recueillerait en faisant agir HCl sur le mélange préalablement éteint.*

Le poids du marbre est $157 - 74 = 83^g$.

L'équation $CO^3Ca = CO^2 \nearrow + CaO$ montre que $12 + 16 \times 3 + 40 = 100^g$ de calcaire perdent $12 + 16 \times 2 = 44^g$ de gaz carbonique qui occupent $22^l,4$ (0°, 1^{atm}).

La diminution de masse étant 29^g, cela correspond à la calcination de $\dfrac{100 \times 29}{44} = 65^g,9$ de calcaire. Il reste donc $83 - 65,9 = 17^g,1$ de calcaire non décomposé.

En versant le solide dans l'eau, la chaux vive CaO se transforme en chaux éteinte $Ca(OH)^2$ et le calcaire demeure inaltéré. L'acide HCl dissout les deux substances et libère l'anhydride carbonique du calcaire. Or l'équation du début montre que, sans tenir compte de la solubilité de CO^2 dans l'eau, 100^g de calcaire donnent $22^l,4$ de CO^2; donc $17^g,1$ en donneront $\dfrac{22,4 \times 17,1}{100} = 3^l,8$ environ.

7. *Calculer la masse théorique de chaux vive qui correspond à une tonne de calcaire pur.*

La calcination du calcaire pur se fait suivant l'équation

$$CO^3Ca = CO^2 \nearrow + CaO$$

Ainsi $12 + 16 \times 3 + 40 = 100^{kg}$ de calcaire donnent une molécule-kilogramme, soit $40 + 16 = 56^{kg}$ de chaux vive.

Une tonne de calcaire pur donne donc 560^{kg} de chaux vive.

8. *Calculer la masse théorique de chaux éteinte qui correspond à une tonne de calcaire pur.*

La chaux vive CaO se combine à l'eau en donnant de la chaux éteinte $Ca(OH)^2$:

$$CaO + H^2O = Ca(OH)^2$$

Donc une molécule-kilogramme de chaux vive, soit $40 + 16 = 56^{kg}$, donne $56 + (2 \times 1 + 16) = 74^{kg}$ de chaux éteinte.

Mais l'équation de calcination du calcaire

$$CO^3Ca = CO^2 \nearrow + CaO$$

montre que $12 + 16 \times 3 + 40 = 100^{kg}$ de calcaire pur donnent 56^{kg} de chaux vive et par suite 74^{kg} de chaux éteinte. Donc à une tonne de calcaire correspond 740^{kg} de chaux éteinte.

9. *Calculer la masse théorique d'eau qu'il a fallu utiliser pour éteindre la chaux vive du problème 7.*

L'extinction de la chaux vive se fait suivant l'équation

$$CaO + H^2O = Ca(OH)^2$$

Donc pour éteindre $40 + 16 = 56^{kg}$ de chaux vive, il faut $1 \times 2 + 16 = 18^{kg}$ d'eau. Et pour éteindre 560^{kg} de chaux vive, il faut employer $18 \times 10 = 180^{kg}$ d'eau.

En réalité, il faudra plus d'eau, puisqu'une partie se vaporise et que, d'autre part, dans la pratique, on fabrique plutôt un lait de chaux ou une pâte de chaux.

10. *Etant donné l'équation* $CO^3Ca = CO^2 + CaO$, *déterminer à quelles masses de calcaire et de chaux vive correspond le dégagement de* 1^{cm^3} *de gaz* CO^2.

L'équation $\qquad CO^3Ca = CO^2 \nearrow + CaO$

montre que la calcination de $12 + 16 \times 3 + 40 = 100^{mg}$ de calcaire fournit et $22^{cm^3},4$ de gaz carbonique et $40 + 16 = 56^{mg}$ de chaux vive.

Le dégagement de 1^{cm3} de gaz CO^2 correspond donc à la calcination de $\dfrac{100}{22,4} = 4^{mg},5$ environ de calcaire, et à la production de $\dfrac{56}{22,4} = 2^{mg},5$ de chaux vive.

11. *En traitant 1^g de terre par de l'acide étendu, on a recueilli v^{cm3} de gaz. En déduire la teneur $^0/_0$ de cette terre : 1° en calcaire; 2° en chaux vive.*

La décomposition du calcaire par les acides est telle qu'un molécule-milligramme de calcaire CO^3Ca (ou CO^2CaO) soit $12 + 16 \times 3 + 40 = 100^{mg}$, correspond à $40 + 16 = 56^{m3}$ de chaux vive, et fournit une molécule-milligramme (CO^2), soit $22^{cm3},4$ ($0°$, 1^{atm}) de gaz carbonique. Alors v^{cm3} de CO^2 correspondent à $\dfrac{100 \times v}{22,4}$ milligrammes de calcaire, et à $\dfrac{56 \times v}{22,4}$ milligrammes de chaux vive.

Ainsi 1^g, soit $1\,000^{mg}$ de terre, renferme $\dfrac{100\,v}{22,4}$ milligrammes de calcaire qui contiennent $\dfrac{56\,v}{22,4}$ milligrammes de chaux vive.

La teneur pour cent (donc relative à 100^{mg} de terre) de cette terre est donc de $\dfrac{10\,v}{22,4}$ $^0/_0$ en calcaire, et de $\dfrac{5,6\,v}{22,4}$ $^0/_0$ en chaux vive.

12. *L'air renferme 0,0003 de son volume de CO^2. La hauteur de l'atmosphère serait de 8 kilomètres, si sa pression était partout de 76 centimètres de mercure. Combien y a-t-il : 1° de CO^2; 2° de carbone combiné dans l'atmosphère terrestre?*

Nous pouvons alors assimiler l'atmosphère approximativement à un cylindre de hauteur 8^{km} ayant pour base la surface de la terre. Si r^{km} est le rayon terrestre, la circonférence terrestre a pour longueur $2\pi r = 40.000$ et la terre a pour surface $4\pi r^2 = \dfrac{(2\pi r)^2}{\pi} = \dfrac{16 \times 10^8}{\pi}$ kilomètres carrés. Ainsi le volume approximatif de l'atmosphère est $\dfrac{16 \times 10^8}{\pi} \times 8^{km3}$ qui contiennent

$$\dfrac{16 \times 10^8}{\pi} \times 8 \times \dfrac{3}{10^3} = \dfrac{16 \times 10^4 \times 8 \times 3}{\pi} = 16 \times 10^4 \times 8 \times 3 \times 0,3183^{km3}$$

de gaz CO^2 ($0°$, 1^{atm}).

La formule CO^2 montre que $22^{km3},4$ ($0°$, 1^{atm}) de gaz carbonique pèsent $12 + 16 \times 2 = 44^t$ et renferment 12^t de carbone. La masse du gaz carbonique de l'atmosphère est donc $\dfrac{(16 \times 8 \times 3 \times 3183) \times 44 \times 1\,000}{22,4}$ soit $2\,400$ millions de tonnes. Et il existe $\dfrac{16 \times 8 \times 3 \times 3183 \times 12 \times 1\,000}{22,4}$ soit 655 millions de tonnes de carbone combiné.

13. *Connaissant la formule CO^2 du gaz carbonique, retrouver sa densité, sa composition en masse et sa teneur en oxygène.*

La formule CO^2 montre que $12 + 16 \times 2 = 44^g$ de gaz carbonique occupent $22^l,4$ ($0°$, 1^{atm}), contiennent 12^g de carbone et 32^g d'oxygène diatomique dont le volume est $22^l,4$ ($0°$, 1^{atm}) soit un volume égal à celui du gaz carbonique.

22^l,4 d'air à 0°, 1^{atm} pèsent 29^g. La densité du gaz carbonique par rapport à l'air est donc $\dfrac{44}{29}$ = 1,5 environ.

14. *Quel volume de gaz* CO^2 *et quelle masse de* **C** *seraient nécessaires pour obtenir un mètre cube d'oxyde de carbone?*

La réduction de CO^2 en **CO** a lieu suivant l'équation :

$$CO^2 + C = 2CO.$$

Ainsi à une molécule de CO^2 correspondent 2 molécules de **CO**; donc le volume de l'oxyde de carbone est le double du volume du gaz carbonique dont il provient. Il faudra donc 500^l d'anhydride carbonique.

L'équation montre aussi qu'avec 12^g de carbone, on obtient 22,4 $\times$ **2 litres** d oxyde de carbone. Pour en avoir 1000^l, il faut donc $\dfrac{12 \times 1000}{22,4 \times 2}$ = 268^g environ de carbone.

15. Problème industriel important. *Dans un four à fondre l'acier, il faut une température de* 1700°. *Si nous réalisons dans ce four, par la combustion d'un mélange gazeux, une température de* 2000°, *la quantité de chaleur utilisée résultera d'une chute de température de* 2000 — 1700 = 300°. — *Si avant de le faire brûler, on porte le mélange à* 500°, *la température de combustion est d'environ* 2300° *et la chaleur utilisée résultera d'une chute de température de* 2300 — 1700 = 600°. *Quelle sera l'économie de combustible réalisée?*

La chute de température étant deux fois plus grande (600°) quand on utilise le mélange gazeux préalablement porté à 500°, on fera une économie de combustible de moitié, à supposer que le chauffage à 500° ne coûte rien.

16. *Actuellement le gaz de Paris contient des proportions notables de gaz à l'eau. Son emploi ne demande-t-il pas des précautions? Pourquoi?*

Le gaz à l'eau renferme de l'oxyde de carbone qui est un poison. Il faut donc éviter et les fuites de gaz, et sa mauvaise combustion

COMPOSÉS AZOTÉS ET AMMONIACAUX

1. *Pourquoi ne faut-il pas mettre le fumier près des ouvertures des maisons?*

Du fumier se dégagent des gaz à odeur ammoniacale qui pénètrent alors dans les maisons et en rendent l'atmosphère mauvaise.

2. *L'acide sulfurique n'est pas volatil comme* **HCl**. *Pourquoi la préparation du sulfate d'ammonium est-elle plus facile et d'un meilleur rendement que celle du chlorure* $(NH^4)\,Cl$.

La combinaison de NH^3 et de **HCl** dégage beaucoup de chaleur, par suite accélère le dégagement de l'acide chlorhydrique gazeux. Ce gaz se combine au gaz NH^3 en donnant des fumées blanches qui sont facilement entraînées hors du récipient où se fait la réaction.

Cet inconvénient n'existe pas avec l'acide sulfurique, non volatil aux températures peu élevées.

3. *Quelle est la teneur pour cent en azote du sulfate d'ammonium pur? —
Le sulfate du commerce contient de 20 à 21 $^0/_0$ d'azote. Diffère-t-il beaucoup du
produit pur?*

La formule $SO^4(NH^4)^2$ montre que 14×2 grammes d'azote sont contenus
dans $32 + 16 \times 4 + (14 + 1 \times 4)\,2 = 132^g$ de sulfate d'ammonium. La
teneur pour cent en azote de ce produit est $\dfrac{14 \times 2 \times 100}{132} = 21,21\,^0/_0$ environ.
Le sulfate du commerce est donc très voisin du sulfate pur.

AMMONIAQUE

1. *En décomposant deux molécules-grammes de NH^4Cl par deux molécules-
grammes de soude $Na(OH)$, ou par une molécule-gramme de chaux vive CaO
ou éteinte $Ca(OH)^2$, on obtient deux molécules-grammes d'ammoniac. — Quelle
masse de base faut-il théoriquement pour décomposer 5^g de sel ammoniac? —
Quelle masse de chlorure d'ammonium faut-il théoriquement pour obtenir $2^l,24$
de gaz NH^3?*

Une molécule-gramme de chlorure d'ammonium pèse $(14 + 1 \times 4 + 35,5) = 53^g,5$.
Les masses d'une molécule-gramme de soude, de chaux vive, de chaux éteinte
sont respectivement $23 + 16 + 1 = 40^g$; $40 + 16 = 56^g$; $40 + (16 + 1)\,2 = 74^g$.

Ainsi la décomposition de $53^g,5$ de sel ammoniac exige 40^g de soude. $\dfrac{56}{2} = 28^g$
de chaux vive et $\dfrac{74}{2} = 37^g$ de chaux éteinte. Et pour décomposer 5^g de chlorure
d'ammonium, il faut $40 \times \dfrac{5}{53,5} = 3^g,7$ de soude caustique; $28 \times \dfrac{5}{53,5} = 2^g 6$
de chaux vive; $37 \times \dfrac{5}{53,5} = 3^g,5$ de chaux éteinte $\left(\dfrac{5}{53,5} = 0,0935 \right)$.

Une molécule-gramme, soit $53^g,5$, de sel ammoniac donne $22^l,4$ de gaz
NH^3. Pour en obtenir $2^l,24$, il faudra $\dfrac{53,5}{10} = 5^g,35$ de chlorure d'ammonium.

2. *Un litre d'ammoniaque contient 230^l de gaz NH^3 (0^o1^{atm}). Quelle masse de
sel ammoniac faut-il décomposer pour saturer 20^{cm3} d'eau?*

Pour saturer 20^{cm3} d'eau il faut $0,23 \times 20 = 4^l,6$ de gaz ammoniac. Or la
décomposition d'une molécule-gramme de chlorure d'ammonium $(NH^4)Cl$
soit $14 + 1 \times 4 + 35,5 = 53^g,5$, donne une molécule-gramme de gaz ammo-
niac, soit $22^l,4$. Pour avoir $4^l,6$ de gaz NH^3, il faut donc $\dfrac{53,5 \times 4,6}{22,4}$ soit sensiblement 11^g de sel ammoniac.

AZOTATE DE SODIUM

1. *Pourquoi faut-il semer les nitrates dans les champs au moment précis où
les plantes peuvent les absorber rapidement?*

Le nitrate est soluble dans l'eau et la dissolution traverse la terre qui ne
retient pas le nitrate. Donc en semant le nitrate trop tôt, il serait dissous par

les pluies et la solution serait déjà profondément dans la terre lorsque la plante commence à se développer.

Au contraire, en semant le nitrate au moment où la plante se développe, la terre est imbibée d'azotate dissous là où les racines de la plante se trouvent. Ainsi le nitrate est absorbé par la plante et favorise son développement.

2. Quelle est la teneur théorique en azote nitrique de l'azotate de sodium? Si 100^{kg} de nitrate de soude coûtent 5^f et contiennent a kg. d'azote nitrique, à quel prix revient le kilogramme d'azote nitrique, seul élément utile de l'engrais?

La formule NO^3Na montre que $14 + 16 \times 3 + 23 = 85^g$ d'azotate de sodium renferment 14^g d'azote nitrique; donc 100^g en contiennent $\dfrac{14 \times 100}{85} = 16,5\,°/_0$ environ.

Le kilogramme d'azote nitrique revient alors à $\dfrac{5}{a}$ francs.

ACIDE AZOTIQUE

1. Quel volume d'acide sulfurique concentré (densité 1,8) faut-il pour décomposer 20^g, $1°$ d'azotate de sodium, $2°$ de nitrate de potassium? Quel volume théorique d'acide azotique pur obtiendra-t-on, celui-ci ayant pour densité 1,52?

Ces nitrates sont décomposés suivant les équations

$$NO^3Na + SO^4H^2 = SO^4NaH + NO^3H.$$
$$NO^3K + SO^4H^2 = SO^4KH + NO^3H.$$

Ainsi une molécule-gramme soit $32 + 16 \times 4 + 1 \times 2 = 98^g$ d'acide sulfurique soit $\dfrac{98}{1,8} = 54,^{cm3}4$, décompose ou bien soit $14 + 16 \times 3 + 23 = 85^g$ de nitrate de sodium ou bien $14 + 16 \times 3 + 39 = 101^g$ de nitrate de potassium, et dans les deux cas, on obtient $14 + 16 \times 3 + 1 = 63^g$ d'acide azotique, soit $\dfrac{63}{1,52} = 41^{cm3},4$.

S'il s'agit de 20^g de nitrate de sodium, il faut $54,4 \times \dfrac{20}{85} = 12^{cm3},8$ d'acide sulfurique et on obtient $41,4 \times \dfrac{20}{85} = 9^{cm3},7$ d'acide nitrique.

S'il s'agit de 20^g d'azotate de potassium, il faut $54,4 \times \dfrac{20}{101} = 10^{cm3},8$ d'acide sulfurique et il distille $41,4 \times \dfrac{20}{101} = 8^{cm3},2$ d'acide azotique.

2. Quelles masses de calcaire CO^3Ca et d'acide nitrique NO^3H faut-il pour obtenir une tonne d'azotate de calcium $(NO^3)^2Ca$. Quel volume de gaz sera dégagé lors de cette réaction?

Le calcaire et l'acide nitrique réagissent suivant l'équation

$$CO^3Ca + 2\,NO^3H = CO^2 + H^2O + (NO^3)^2\,Ca.$$

Cette équation montre que pour obtenir $(14 + 16 \times 3)2 + 40 = 164^{kg}$ de nitrate de calcium, il faut employer $12 + 16 \times 3 + 40 = 100^{kg}$ de calcaire, puis $2(14 + 16 \times 3 + 1) = 126^{kg}$ d'acide azotique; et qu'il se dégage une molécule-kilogramme soit $22^{m3},4$ $(0^o,1^{atm})$ de gaz carbonique.

S'il s'agit d'une tonne d'azotate de calcium, il faut multiplier les nombres précédents par $\dfrac{1\,000}{164} = 6,0975$. Il faudra donc $609^{kg},7$ de calcaire; $768^{kg},3$ d'acide nitrique et il se dégagera $136^{m3},6$ de gaz carbonique

3. *Etant donné les équations* **NO + O = NO²** *et* **3 NO² + H²O = 2 NO³H + NO,** *montrer qu'en multipliant les deux membres de la première équation par 3 (pour avoir* **3NO²)** *et en ajoutant à la seconde, on obtient l'équation résumée :*

$$2\,\mathbf{NO} + 3\,\mathbf{O} + \mathbf{H^2O} = 2\,\mathbf{NO^3H}.$$

La première équation s'écrit alors :

$$3\,\mathbf{NO} + 3\,\mathbf{O} = 3\,\mathbf{NO^2}.$$

La seconde équation étant :

$$3\,\mathbf{NO^2} + \mathbf{H^2O} = 2\,\mathbf{NO^3H} + \mathbf{NO},$$

en ajoutant ces deux équations membre à membre, il vient :

$$3\,\mathbf{NO} + 3\,\mathbf{O} + 3\,\mathbf{NO^2} + \mathbf{H^2O} = 3\,\mathbf{NO^2} + 2\,\mathbf{NO^3H} + \mathbf{NO}.$$

Supprimons **3 NO²** et **NO** de chaque côté du signe $=$ et il reste :

$$2\,\mathbf{NO} + 3\,\mathbf{O} + \mathbf{H^2O} = 2\,\mathbf{NO^3H}.$$

SOUFRE

1. *Que devient le soufre qui a brûlé (37)? Pourquoi dans les régions cultivées ne peut-on fondre qu'en hiver?*

Ce soufre a donné de l'anhydride sulfureux, qui exerce une action très nocive sur les végétaux.

Alors, dans les régions cultivées, on ne produit la fusion qu'en hiver, époque où les plantes ne sont pas développées.

2. *De l'équation* **S + O² = SO² + 69,3** *mth. déduire la quantité de chaleur et le volume de gaz dégagés (c'est de l'air qui a servi à la combustion) si on a brûlé 30 $^0/_0$ du soufre contenu dans une tonne de minerai riche à 22 $^0/_0$.*

L'équation **S + O² = SO² + 69,3** *mth* montre que 32^{kg} de soufre donnent $22^{m3},4$ de gaz sulfureux et 69,3 thermies.

Dans une tonne de minerai, il y a $1\,000 \times 0,22 = 220^{kg}$ de soufre dont on brûle $220 \times 0,30 = 66^{kg}$.

Il faudra donc multiplier les nombres par $\dfrac{66}{32} = 2,0625$. On obtient alors $22,4 \times 2,0625 = 46^{m3},2$ d'anhydride sulfureux et il se dégage $69,3 \times 2,0625 = 142,9$ thermies.

3. *Quelle est la masse de soufre qui peut brûler dans une chambre cubique d'arête 6m?*

Une telle chambre renferme $6^3 = 216^{m3}$ d'air qui contiennent $\dfrac{216}{5} = 43^{m3},5$ d'oxygène.

L'équation $S + 2 O = SO^2$

montre que la combustion totale de 32^{kg} de soufre exige $22^{m3},4$ d'oxygène diatomique. Si donc tout l'oxygène de la chambre disparaissait, cela entraînerait la combustion de $\dfrac{32 \times 43,5}{22,4} = 62^{kg}$ de soufre environ.

ANHYDRIDE SULFUREUX

1. *Un four mécanique à 6 étages de $1^m,85$ de diamètre brûle 3,5 tonnes de pyrite en 24 heures. En admettant que le minerai est pur et a pour formule FeS^2, déterminer les volumes d'oxygène, d'air, d'anhydride sulfureux de la réaction. Quelle est la masse de l'oxyde de fer formé?*

Le grillage de la pyrite se fait suivant l'équation

$$2 FeS^2 + 11 O = Fe^2O^3 + 4SO^2$$

Elle montre que $2(56 + 32 \times 2) = 240^{kg}$ de pyrite sont oxydés par $11,2 \times 11 = 123^{m3},2$ d'oxygène (diatomique) et donnent $56 \times 2 + 16 \times 3 = 160^{kg}$ d'oxyde de fer et $22,4 \times 4 = 89^{m3},6$ de gaz sulfureux.

Quand il s'agit de $3^t,5$ de pyrite, il faut multiplier tous les nombres précédents par $\dfrac{3\,500}{240} = 14,583$.

Alors il faudra $123,2 \times 14,583$ mètres cubes d'oxygène contenus dans

$$123,2 \times 14,583 \times 5 = 8983^{m3} \text{ d'air.}$$

Il se formera : $160 \times 14,583 = 233^{kg}$ d'oxyde de fer et il se dégagera

$$89,6 \times 14,583 = 1307^{m3} \text{ d'anhydride sulfureux.}$$

2. *En dissolvant 64^g de cuivre dans l'acide sulfurique, on obtient théoriquement $22^l,4$ de gaz sulfureux $(0^o, 1^{atm})$. Quel volume de gaz obtient-on théoriquement avec 10^g de cuivre?*

D'après la loi des proportions définies, 10^g de cuivre donnent théoriquement $\dfrac{22,4 \times 10}{64} = 3^l,5 \;(0^o, 1^{atm})$ de gaz sulfureux.

3. *L'anhydride sulfureux liquéfié a pour densité 1,39. Quel volume de gaz peut-on obtenir avec 1^l de ce produit? — Quel est donc l'avantage principal des gaz liquéfiés?*

Un litre d'anhydride sulfureux liquéfié pèse $1^{kg},39$.

La formule SO^2 montre que $32 + 16 \times 2 = 64^g$ de ce gaz occupent $22^l,4$ $(0^o, 1^{atm})$. Ainsi $1^{kg},39$ de liquide donneront $\dfrac{22,4 \times 139}{6,4} = 486^l,5 \;(0^o, 1^{atm})$ de gaz sulfureux.

Les gaz liquéfiés permettent donc de manipuler sous un très petit volume des substances donnant de très grands volumes de gaz.

4. *Calculer la masse théorique de soufre nécessaire pour enlever tout l'oxygène contenu dans 1^{m3} d'air. Comment se fait-il qu'on utilise de 30 à 60^g de soufre par mètre cube de local à désinfecter?*

La combustion du soufre est traduite par l'équation

$$S + O^2 = SO^2$$

Cette équation montre que pour brûler complètement 32^g de soufre il faut une molécule-gramme d'oxygène diatomique soit $22^l,4$ (0^o1^{atm}).

L'air contient environ le cinquième de son volume d'oxygène. Donc 1^{m3} d'air renferme $\dfrac{1000}{5}$ — 200^l d'oxygène. D'après la loi des proportions définies, ils se combineront à $\dfrac{32 \times 200}{22,4}$ — 286^g environ de soufre

Pour désinfecter, il n'est pas besoin que la teneur en SO^2 soit très grande. C'est pourquoi on ne brûle que de 30^g à 60^g de soufre.

Combien le mètre cube renfermera-t-il de gaz sulfureux? Quand on a brûlé 30^g de soufre. L'équation $S + O^2 = SO^2$ montre qu'en brûlant 32^g de soufre on obtient $22^l,4$ (0^o1^{atm}) de gaz sulfureux. Quand on en brûle 30^g, il se forme $\dfrac{22,4 \times 30}{32} = 21^l$. Il restera $200-21 = 179^l$ d'oxygène car le volume d'oxygène disparu (O^2) est égal au volume de gaz sulfureux formé (SO^2).

Si l'on brûlait 60^g de soufre, il y aurait 42^l de gaz sulfureux et il resterait $200 - 42 = 158^l$ d'oxygène.

5. *Quelle masse théorique de soufre peut-on brûler dans une chambre de* 200^{m3}? *Quelle masse de laine peut-on y blanchir?*

La combustion du soufre est traduite par l'équation

$$S + 2O = SO^2$$

Cette équation montre que pour brûler complètement 32^g de soufre, il faut une molécule-gramme d'oxygène diatomique, soit $22^l,4$ ($0^o,1^{atm}$).

L'air contient environ le cinquième de son volume d'oxygène. Donc 1^{m3} d'air renferme $\dfrac{1\,000}{5} = 200^l$ d'oxygène. D'après la loi des proportions définies, ils se combineront à $\dfrac{32 \times 200}{22,4} = 285^g$ de soufre.

Dans une chambre de 200^{m3}, on peut donc brûler théoriquement $0,285 \times 200 = 57^{kg}$ de soufre. En réalité, on ne peut brûler tout ce soufre, car il s'éteint avant que tout l'oxygène soit disparu.

En admettant le nombre théorique 57^{kg} on pourra donc blanchir, $10 \times 57 = 570^{kg}$ de laine. En réalité, la masse sera beaucoup plus faible.

ACIDE SULFURIQUE

1. *Montrer que d'après l'équation* $SO^2 + O = SO^3$ *ou mieux* $2\,SO^2 + O^2 = 2\,SO^3$ *le volume de* SO^2 *doit être le double du volume de l'oxygène* O^2.

L'oxygène étant diatomique, O^2 représente une molécule de ce gaz.

SO^2 représente une molécule de gaz sulfureux; donc $2\,SO^2$ en représentent 2 molécules.

Ainsi 2 molécules de gaz sulfureux s'unissent à une molécule d'oxygène pour donner de l'anhydride sulfurique. Les molécules occupant des volumes égaux dans les mêmes conditions de température et de pression, il en résulte que le volume de l'anhydride sulfureux est le double du volume de l'oxygène auquel il se combine.

2. On compte, en bonne marche de fabrication, 4^{kg} d'acide de densité 1,52 par 24 heures et par 3^{m3} de chambre. Quelle est la production journalière d'une usine à 5000^{m3} de chambres?

Pour 3^{m3} on fabrique 4^{kg} d'acide par 24 heures. Donc pour 5000^{m3} on obtient en 24 heures $\dfrac{4 \times 5\,000}{3}$ 6 667^{kg} d'acide de densité 1,52.

3. L'acide de densité 1.52 contient 67 $^0/_0$ d'acide pur SO^4H^2. Quelle est la quantité de SO^2 et de H^2O théoriquement employés par l'usine précédente? — Quelle masse de pyrite pure FeS^2 a-t-il fallu griller pour obtenir ce résultat? — Quel est le volume total d'oxygène utilisé à partir de la pyrite?

100^{kg} d'acide de densité 1,52 contiennent 67^{kg} d'acide pur. Les 6 667^{kg} en renferment $\dfrac{67 \times 6\,667}{100} = 4\,467^{kg}$.

La fabrication de l'acide sulfurique est résumée par l'équation $SO^3 + O$ -- H^2O -- SO^4H^2. Elle montre qu'une molécule-kilogramme d'acide sulfurique soit $32 + 16 \times 4 + 1 \times 2 = 98^{kg}$ exige $22^{m3},4$ de gaz sulfureux, $11^{m3},2$ d'oxygène (formule O^2) et 18^{kg} d'eau. Pour obtenir $4\,467^{kg}$, d'acide pur, il faut multiplier les 3 nombres précédents par $\dfrac{4\,467}{98} = 45,58$; ce qui conduit à $510^{m3},5$ (510,496) d'oxygène; $510,5 \times 2 = 1021^{m3}$ de gaz sulfureux et 820^{kg} d'eau.

Le grillage de la pyrite se fait suivant l'équation

$$2FeS^2 + 110 = Fe^2O^3 + 4SO^4$$

Elle montre que pour obtenir $22,4 \times 4$ mètres cubes de gaz sulfureux, il faut $(56 + 32 \times 2)2 = 120 \times 2$ kilogrammes de pyrite et $11,2 \times 11$ mètres cubes d'oxygène. Il nous a fallu $22,4 \times 45,58$ mètres cubes d'anhydride sulfureux, soit $\dfrac{45,58}{4} = 11,39$ fois plus, ce qui a exigé $240 \times 11,39 = 2\,734^{kg}$ de pyrite et $11,2 \times 11,39 = 1\,403^{m3}$ d'oxygène.

Le volume total d'oxygène utilisé est donc $510 + 1\,403 = 1\,913^{m3}$.

4. Pourquoi la préparation de SO^2 à partir de SO^4H^2 ne peut-elle être une opération industrielle?

Cela tient à ce qu'on obtient l'acide sulfurique SO^4H^2 en partant du gaz sulfureux SO^2

5. On réalise une dissolution aqueuse d'acide sulfurique pur contenant 98^g d'acide par litre de dissolution. — On constate que pour neutraliser 20^{cm3} d'une dissolution de soude il faut 15^{cm3} de liqueur acide. Combien un litre de solution basique contient-elle de soude pure?

La neutralisation de la soude par l'acide sulfurique se fait suivant l'équation :

$$SO^4H^2 + 2NaOH = SO^4Na^2 + 2H^2O.$$

Elle montre qu'une molécule-gramme d'acide, soit $32 + 16 \times 4 + 1 \times 2 = 98^g$ neutralise deux molécules-grammes de soude soit $2(23 + 16 + 1) = 80^g$. Cette quantité étant contenue dans 1^l de dissolution, 15^{cm3} de ce liquide, soit $0^l,015$, neutralisent $80 \times 0,015 = 1^g,2$ qui sont renfermés dans 20^{cm3}

de dissolution. Donc 1000^{cm^3} de solution basique contiennent $1,2 \times \dfrac{1000}{20} = 60^g$ d'hydrate de sodium.

6. *On a réalisé 1^l d'une solution d'acide sulfurique telle que 20^{cm^3} de cette solution sont neutralisés par $20^{cm^3},1$ de liqueur normale basique (40^g de soude dans un litre d'eau). Combien faut-il ajouter d'eau à l'acide pour obtenir la neutralisation à volumes égaux?*

Pour que la neutralisation ait lieu à volumes égaux, il faut que $20^{cm^3},1$ de soude soient neutralisés par $20^{cm^3},1$ de dissolution acide. Il faut donc ajouter $0^{cm^3},1$ d'eau à 20^{cm^3} d'acide, soit 5^{cm^3} par litre de solution acide primitive.

CHLORURE DE SODIUM

1. *Pour recueillir 100^t de sel par an, on compte, dans le Midi, sur une superficie de 30^{ha} environ, et sur 15 ouvriers. Dans l'Ouest, on compte sur 80^{ha} environ et 90 ouvriers. Comment expliquez-vous ces différences?*

Dans le Midi, sur les bords de la Méditerranée, le soleil est plus chaud et il pleut moins que dans l'Ouest. Ainsi, à surface égale, la concentration de l'eau de mer et la cristallisation du sel se font beaucoup plus rapidement dans le Midi.

2. *Le sel pur est légèrement hygroscopique. Brut, il l'est fortement par suite de la présence de chlorure de magnésium. En déduire quelques propriétés de ce dernier chlorure. (On dit qu'un corps est hygroscopique quand il devient humide à l'air).*

Le chlorure de magnésium est une substance très avide d'eau dans laquelle il doit être alors très soluble.

ACIDE CHLORHYDRIQUE

1. *Un cube de côté c est réduit en cubes de côté $c : n$. Comparer les surfaces totales. Si le solide réagit sur un liquide sans s'y dissoudre, où sera la réaction la plus rapide?*

Un cube de côté c a pour surface $6c^2$.

Un cube de côté $\dfrac{c}{n}$ a pour surface $6\dfrac{c^2}{n^2}$. Or il y a n^3 de ces cubes dans le cube primitif. Donc, à supposer qu'il n'y ait pas superposition des faces, la surface totale des petits cubes est $6\dfrac{c^2}{n^2} \times n^3 = 6c^2 \times n$. Autrement dit la surface totale nouvelle est n fois plus grande que la surface primitive. Aussi quand une réaction a lieu par la surface, elle doit être d'autant plus rapide que la surface de contact est grande et par suite que le solide est divisé.

2. *$58^g,5$ de chlorure de sodium donnent théoriquement $22^l,4$ de gaz chlorhydrique ($0°$, 1^{atm}). Quel est le volume théorique que peuvent donner 20^g de sel?*

D'après la loi des proportions définies, 20^g de sel marin donneront $\dfrac{22,4 \times 20}{58,5} = 7^l,65$ de gaz chlorhydrique.

3. Est-il surprenant que dans l'industrie on obtienne SO^4Na^2 *et non pas* SO^4Na^2, *10* H^2O?

Comme on utilise le chlorure de sodium solide et l'acide sulfurique concentré, comme d'autre part on opère à température élevée, il n'est pas surprenant qu'on obtienne diversement le sulfate anhydre SO^4Na^2.

4. Les anciens chimistes appelaient esprits *les parties facilement volatiles. Ainsi ils nommaient l'alcool et l'acide chlorhydrique respectivement esprit de vin, esprit de sel. Donner la raison de ces termes.*

Par distillation du vin, on obtient des vapeurs d'alcool qui se condensent ensuite. Le mot esprit indique cette formation de vapeur; le mot **vin** montre que ces vapeurs proviennent du vin.

En traitant du sel par SO^4H^2, il se dégage du gaz chlorhydrique. Le mot esprit indique cette formation d'un gaz; le mot **sel** montre que ce gaz provient du sel marin.

DEUXIÈME ANNÉE

LOIS NUMÉRIQUES
DES COMBINAISONS CHIMIQUES

1. *2^l d'hydrogène se combinent à 1^l d'oxygène pour donner de l'eau. Dans un récipient on a introduit 20 ^{cm3} d'hydrogène et 20^{cm3} d'oxygène. On fait éclater une étincelle électrique; les gaz se combinent. Quel est le système final?*

2^{cm3} d'hydrogène se combinant à 1^{cm3} d'oxygène pour donner de l'eau, comme les volumes d'hydrogène et d'oxygène mis en présence sont égaux, tout l'hydrogène disparaîtra et, d'après la loi des proportions définies, les 20^{cm3} de ce gaz se combinent à $\dfrac{20 \times 1}{2} = 10^{cm3}$ d'oxygène. Après la combinaison il restera donc de l'eau et, comme gaz, uniquement $20 - 10 = 10^{cm3}$ d'oxygène.

2. *Quand on dissout complètement 65^g de zinc dans l'acide sulfurique, on obtient $22^l,4$ d'hydrogène. Il est disparu 98^g d'acide sulfurique et il s'est formé 287^g de sulfate de zinc cristallisé. — Quel est l'état final d'un système constitué primitivement par de l'eau acidulée contenant 49^g d'acide sulfurique, dans laquelle on a laissé tomber $6^g,5$ de zinc?*

Quand 98^g d'acide sulfurique ont dissous 65^g de zinc, on recueille $22^l,4$ d'hydrogène et il se forme 287^g de sulfate de zinc cristallisé.

D'après la loi des proportions définies, 49^g d'acide sulfurique peuvent dissoudre $\dfrac{65 \times 49}{98} = 32^g,5$ de zinc. Comme on n'a mis que $6^g,5$ de métal, raisonnons à partir de ce dernier.

$6^g,5$ est le dixième de 65^g. Donc la dissolution de $6^g,5$ de zinc exige $\dfrac{98}{10} = 9^g,8$ d'acide sulfurique et il se forme $\dfrac{287}{10} = 28^g,7$ de sulfate de zinc cristallisé.

On aura donc recueilli $2^l,24$ d'hydrogène et il restera de l'eau acidulée contenant $28^g,7$ de sulfate de zinc et $49 - 9,8 = 39^g,2$ d'acide sulfurique.

3. *32^g de soufre se combinent à $22^l,4$ d'oxygène (mesurés à $0°$ et 1^{atm}) pour donner $22^l,4$ de gaz sulfureux. — Dans un récipient de $2^l,24$ plein d'oxygène ($0°$, 1^{atm}) on a mis 5^g de soufre que l'on enflamme. Quel sera l'état théorique final si l'on suppose (ce qui n'est pas) que le soufre continue à brûler tant qu'il reste de l'oxygène?*

$2^l,24$ d'oxygène, soit le dixième de $22^l,4$, se combinent à $\dfrac{32}{10} = 3^g,2$ de soufre pour donner $\dfrac{22,4}{10} = 2^l,24$ de gaz sulfureux.

Comme on a mis 5^g de soufre : 1° tout l'oxygène sera disparu et remplacé par $2^g,24$ d'anhydride sulfureux; 2° il restera $5 - 3,2 = 1^g,8$ de soufre.

4. 40^g de soude caustique neutralisent 49^g d'acide sulfurique. — On a un litre d'une dissolution basique contenant 40^g de soude. On a dû en verser 20^{cm3} pour neutraliser exactement 40^{cm3} d'acide sulfurique étendu. Combien le litre de cette dissolution contient-il d'acide pur?

1^l, soit $1\,000^{cm3}$ de dissolution basique, peuvent neutraliser 49^g d'acide sulfurique pur. Alors, d'après la loi des proportions définies, 20^{cm3} de soude neutralisent $\dfrac{49 \times 20}{1\,000}$ grammes d'acide sulfurique contenus dans 40^{cm3} de solution acide. Donc 1^l de cette dernière dissolution renferme $\dfrac{49 \times 20}{1\,000} \times \dfrac{1\,000}{40} = 24^g,5$ d'acide sulfurique.

SYMBOLES, FORMULES

Déterminer : 1° la molécule-gramme; 2° la composition centésimale; 3° s'il y a lieu, la densité; 4° s'il y a lieu, la composition en volume des principales espèces chimiques étudiées en 1re année, savoir :

$$H^2O; \quad H^2; \quad O^2; \quad N^2; \quad NH^3; \quad SO^2; \quad SO^4H^2; \quad H^2S; \quad HCl; \quad NaCl;$$
$$NaOH; \quad NO^3H; \quad CO^3Ca; \quad CO^2; \quad CO.$$

H^2O. Molécule-gramme $1 \times 2 + 16 = 18^g$. — Donc 18^g d'eau renferment 2^g de **H** et 16^g de **O**; 100^g contiennent $\dfrac{2 \times 100}{18} = 11^g,11$ de **H** et $\dfrac{16 \times 100}{18} = 88^g,89$ (88,888) de **O**. — 18^g de vapeur d'eau supposée à 0° 1^{atm} occupent $22^l,4$; le même volume d'air pris dans les mêmes conditions pèse 29^g; la densité de la vapeur d'eau est $\dfrac{18}{29} = 0,62$. — **H** et **O** étant diatomiques, la formule H^2O montre qu'une molécule d'eau contient une molécule de **H** et une demi-molécule de **O**. Comme toutes les molécules occupent le même volume, dans les mêmes conditions de température et de pression, nous dirons, pour avoir des nombres entiers : deux volumes de vapeur d'eau résultent de l'union de deux volumes de **H** et de un volume de **O**.

H^2. Molécule-gramme $1 \times 2 = 2^g$. — 2^g de **H** (0° 1^{atm}) occupent $22^l,4$, le même volume d'air pesant 29^g, la densité est $\dfrac{29}{2} = 0,069$ environ.

O^2. Molécule-gramme $16 \times 2 = 32^g$ — Densité $\dfrac{32}{29} = 1,1$ environ.

N^2. Molécule-gramme $14 \times 2 = 28^g$ — Densité $\dfrac{28}{29} = 0,96$ environ.

NH^3. Molécule-gramme $14 + 1 \times 3 = 17^g$ — 17^g d'ammoniac renferment 14^g de **N** et 3^g de **H**. Soit $\dfrac{14 \times 100}{17} = 82,35$ $^0/_0$ de **N** et $\dfrac{3 \times 100}{17} = 17,65$ $^0/_0$ (17,647) de **H** (vérification : $82,35 + 17,65 = 100,00$) — Densité $\dfrac{17}{29} = 0,59$ environ — **N** et **H** sont diatomiques. Pour avoir un nombre pair d'atomes de ces corps simples, nous disons 2 molécules de gaz ammoniac renferment 2 atomes, soit 1 molécule de **N** et 3×2 atomes, soit 3 molécules de **H**. Donc 2 volumes de **NH³** résultent de l'union de 1 volume de **N** et 3 volumes de **H**.

SO² Molécule-gramme $32 + 16 \times 2 = 64^g$ — 64^g de gaz sulfureux contiennent des masses égales de **S** et de **O**. Donc 50 $^0/_0$ de **S** et 50 $^0/_0$ d'**O** — Densité de ces gaz $\dfrac{64}{29} = 2,2$ environ — Dans les conditions ordinaires **SO²** et **O** (non **S**) sont gazeux. Ainsi une molécule de gaz sulfureux contient une molécule de **O** : donc le volume du gaz sulfureux égale le volume de l'oxygène.

SO⁴H² Molécule-gramme $32 + 16 \times 4 + 1 \times 2 = 98^g$ — Composition centésimale : $\dfrac{32 \times 100}{98} = 32,65 \ ^0/_0$ de **S**; $\dfrac{64 \times 100}{98} = 65,31 \ ^0/_0$ (65,306) de **O**; $\dfrac{2 \times 100}{-98} = 2,04 \ ^0/_0$ de **H** (vérification : $32,65 + 65,31 + 2,04 = 100,00$).

Dans les conditions habituelles et même à des températures déjà élevées, l'acide sulfurique n'est pas gazeux. Il n'y a pas lieu de chercher sa composition en volume.

H²S Molécule-gramme $1 \times 2 + 32 = 34^g$ — Composition centésimale : $\dfrac{2 \times 100}{34} = 5,88 \ ^0/_0$ de **H** et $\dfrac{32 \times 100}{34} = 94,12 \ ^0/_0$ (94,117) de **S** (vérification : $5,88 + 94,12 = 100,00$) — Densité de ce gaz $\dfrac{34}{29} = 1,2$ environ — Dans les conditions ordinaires **H²S** et **H²** sont gazeux et représentent chacun une molécule. Ainsi un volume de gaz sulfhydrique renferme son volume d'hydrogène:

HCl. Molécule-gramme $1 + 35,5 = 36^g,5$ — Composition centésimale . $\dfrac{1 \times 100}{36,5} = 2,74 \ ^0/_0$ de **H** (2,739) et $\dfrac{35,5 \times 100}{36,5} = 97,26 \ ^0/_0$ de **S** (vérification : $2,74 + 97,26 = 100,00$) — Densité de ce gaz $\dfrac{36,5}{29} = 1,3$ environ — **HCl**, **H** et **Cl** sont des gaz diatomiques. Nous disons alors : 2 molécules **HCl** contiennent **H²**, soit une molécule d'hydrogène, et **Cl²**, soit une molécule de chlore. Ainsi 2 volumes de gaz **HCl** résultent de l'union d'un volume de **H** et d'un volume de **Cl**.

NaCl. Molécule-gramme $23 + 35,5 = 58^g,5$ — Composition centésimale : $\dfrac{23 \times 100}{58,5} = 39,32 \ ^0/_0$ de **Na** (39,316) et $\dfrac{35,5 \times 100}{58,5} = 60,68 \ ^0/_0$ de **Cl** (vérification : $39,32 + 60,68 = 100,00$) — **NaCl** étant solide, il n'y a pas lieu de chercher sa densité, ni sa composition en volume. Il en sera de même de **NaOH**.

NaOH molécule-gramme $23 + 16 + 1 = 40^g$ — Composition centésimale : $\dfrac{23 \times 100}{40} = 57,50 \ ^0/_0$ de **Na**; $\dfrac{16 \times 100}{40} = 40,00 \ ^0/_0$ de **O**, et $\dfrac{1 \times 100}{40} = 2,50 \ ^0/_0$ de **H** (Vérification : $57,5 + 40,0 + 2,5 = 100,0$).

NO³H Molécule-gramme $14 + 16 \times 3 + 1 = 63^g$ — Composition centésimale : $\dfrac{14 \times 100}{63} = 22,22 \ ^0/_0$ de **N**, $\dfrac{16 \times 3 \times 100}{63} = 76,19 \ ^0/_0$ de **O**, et $\dfrac{1 \times 100}{63} = 1,59 \ ^0/_0$ de **H** (1,587) (Vérification : $22,22 + 76,19 + 1,59 = 100,00$) — Densité de la vapeur $\dfrac{63}{29} = 2,2$ environ — Les gaz **N**, **O**, **H** étant diatomiques, nous disons que 2 molécules de vapeur azotique contiennent 1 molécule de **N**.

3 molécules de **O**, et 1 molécule de **H**. Ainsi 2 volumes de vapeur azotique renferment 1 volume de **N**, 3 volumes de **O** et 1 volume de **H**.

CO^3Ca solide dont il n'y a lieu de déterminer que la molécule-gramme $(12 + 16 \times 3 + 40 = 100^g)$ et la composition centésimale donnée immédiatement : $12\ ^0/_0$ de **C**, $48\ ^0/_0$ de **O** et $40\ ^0/_0$ de **Ca**.

CO^2 Molécule-gramme $12 + 16 \times 2 = 44^g$ — Composition centésimale :
$\dfrac{12 \times 100}{44} = 27,27\ ^0/_0$ de **C** et $\dfrac{16 \times 2 \times 100}{44} = 72,73\ ^0/_0$ de **O** (72,727).(Vérification : $27,27 + 72,73 = 100,00$) — CO^2 et **O** étant seuls gazeux, nous disons qu'une molécule de CO^2 contient une molécule de **O** diatomique. Ainsi un volume de gaz carbonique contient son volume de **O**.

CO Molécule-gramme $12 + 16 = 28^g$ — Composition centésimale
$$\dfrac{12 \times 100}{28} = 42,86\ ^0/_0 \text{ de } \mathbf{C}\ (42,857) \qquad \text{et} \qquad \dfrac{16 \times 100}{28} = 57,14\ ^0/_0 \text{ de } \mathbf{O}.$$

(Vérification : $42,86 + 57,14 = 100,00$) — **CO** et **O** étant seuls gazeux, nous disons que deux molécules de **CO** renferment une molécule de **O** diatomique. Ainsi deux volumes d'oxyde de carbone contiennent un volume d'oxygène.

VALENCE

1. *Reprendre les formules des composés binaires étudiés en première année :*

$$H^2O, \quad NH^3, \quad SO^3, \quad NaCl, \quad CO^2.$$

En déduire les valences des corps simples qui y entrent.
N'y a-t-il pas une particularité en ce qui concerne le soufre?

La formule H^2O montre qu'un atome d'oxygène se combine à 2 atomes de **H** qui ont 2 valences; donc **O** est bivalent.

La formule NH^3 montre qu'un atome d'azote se combine à 3 atomes de **H** qui ont 3 valences; donc **N** est trivalent.

La formule SO^3 montre qu'un atome de soufre se combine à 3 atomes de **O** bivalent, qui ont $2 \times 3 = 6$ valences; donc **S** est ici hexavalent. De la formule SO^2 on déduit que là **S** est quadrivalent. Toutefois la valence principale de **S** est 2, et c'est d'accord avec la formule H^2S.

La formule **NaCl** montre qu'un atome de sodium se combine à 1 atome de **Cl** qui a une valence (**HCl**); donc **Na** est univalent.

La formule CO^2 montre qu'un atome de carbone se combine à 2 atomes de **O** qui ont $2 \times 2 = 4$ valences; donc **C** est quadrivalent.

2. *Reprendre les formules suivantes de composés étudiés en première année :*

$$NaCl, \quad SO^4Na^2, \quad SO^4Pb, \quad NO^3Na, \quad NCO^3Ca.$$

Les comparer aux formules des acides correspondants

$$HCl, \quad SO^4H^2, \quad NO^3H, \quad CO^3H^2.$$

En déduire les valences des métaux.

On passe de la formule **HCl** à la formule **NaCl** en remplaçant **H** qui a 1 valence par 1 atome de sodium. Donc **Na** est univalent.

On passe de la formule SO^4H^2 à la formule SO^4Na^2 en remplaçant H^2 qui ont 2 valences par 2 atomes de sodium. Donc **NA** est univalent.

On passe de la formule SG^4H^2 à la formule SO^4Pb en remplaçant 2 atomes de H qui ont 2 valences par 1 atome de plomb. Donc **Pb** est bivalent.

La formule NO^3Na diffère de la formule NO^3H en ce qu'un atome de sodium remplace 1 atome de H qui à une valence. Donc **Na** est univalent.

Les formules CO^3Ca et CO^3H^2 diffèrent en ce qu'un atome de calcium remplace 2 atomes de H qui ont 2 valences. Donc **Ca** est bivalent.

3. *En partant de la notion de valence, établir la règle suivante : Dans le cas où un corps simple A de valence a se combine à un autre corps simple B (ou à un radical B) de valence b, la formule du composé binaire résultant est de la forme A*α *B*β *avec la relation*

$$a \times \alpha = b \times \beta.$$

Dans les formules des composés binaires, il y a généralement égalité des valences des deux composants. Un atome du corps simple A ayant a valences, α atomes de A auront $a \times \alpha$ valences. De même β atomes du corps simple B, de valence b, ont $b \times \beta$ valences. L'égalité des valences entraîne l'équation $a \times \alpha = b \times \beta$.

NOMENCLATURE CHIMIQUE

1. *Déterminer les ions des acides uniacides qui suivent :*

HI (iodhydrique), IO^3H (iodique), NO^2H (azoteux), CLO^4H (perchlorique) $C^2H^4O^2$ (acétique).

Ces acides étant uniacides, chaque formule contient un seul atome d'hydrogène remplaçable par un métal, et cet atome d'hydrogène acide est précisément le cathion. Les anions respectifs sont donc I, IO^3, NO^2, ClO^4 et $C^2H^3O^2$.

2. *Déterminer les noms des acides de formules :* **HF** *(F fluor)*, **HI** *(I iode)*, **HCy** *(Cy, cyanogène, représente le radical* **CN** *qui se comporte comme* **Cl** *).*

Nous avons là des acides non oxygénés, des hydracides. Chaque nom prendra la terminaison hydrique et commencera par le mot acide. Il n'y a plus qu'à intercaler le nom du métalloïde autre que l'hydrogène (ou ce qui remplace le métalloïde comme avec le cyanogène) d'où les noms respectifs : acide fluorhydrique, acide iodhydrique, acide cyanhydrique (au lieu de acide cyanogénhydrique).

3. *Une espèce chimique se nomme acide sélénhydrique (* **Se** *sélénium) que peut-on en conclure? — Même question pour l'acide bromhydrique (* **Br** *, brome).*

Le mot acide montre qu'elle renferme de l'hydrogène acide. La terminaison hydrique indique que nous avons affaire à un acide non oxygéné, à un hydracide, donc probablement à un composé binaire dont le deuxième corps simple est le sélénium. L'acide sélénhydrique est vraisemblablement formé d'hydrogène et de sélénium.

De même l'acide (**H**) bromhydrique (hydracide, pas de **O**) est vraisemblablement un composé binaire d'hydrogène et de brome.

4. *Déterminer les noms des acides de formules :* AsO^4H^3 *(As, arsenic)*, BO^3H^3 *(B, bore).*

Nous avons là des acides oxygénés, des oxacides. Chaque nom prendra la terminaison ique et commencera par le mot acide. Il n'y a plus qu'à intercaler le nom du métalloïde autre que **H** et **O** d'où les noms respectifs : acide arsénique (au lieu de acide arsénicique) et acide borique.

5. *Deux acides ont pour formules* **SeO³H²** *et* **SeO⁴H²**; (**Se** *sélénium*) **ClO³H** *et* **ClO⁴H**; **NO²H** *et* **NO³H**. *Quels sont leurs noms?*

Tous sont des oxacides et leurs noms commencent par le mot acide. Mais au même métalloïde (autre que **H** et **O**) correspondent deux oxacides; le plus oxygéné prend la terminaison ique et le moins oxygéné la terminaison eux. Il reste à intercaler les noms des métalloïdes sélénium, chlore, azote, d'où les noms respectifs : acide sélénieux et acide sélénique (au lieu de : acide séléniumeux et acide séléniumique); acide chloreux et acide chlorique; acide azoteux et acide azotique.

6. *Quels sont les noms et les formules des bases correspondant aux métaux* **Li** *(lithium, univalent)*, **Ba** *(baryum, bivalent)*.

On fait suivre les mots « hydrate de » du nom du métal, d'où les noms respectifs : hydrate de lithium et hydrate de baryum.

La formule d'une base comprend le symbole du métal et autant d'oxydriles (**OH**) que le métal a de valences. Les formules demandées sont donc

$$\text{Li(OH) et Ba(OH)}^2.$$

7. *Trouver les noms des sels des sodium correspondant aux acides des exercices 1 à 5.*

Pour obtenir le nom d'un sel, on supprime le mot acide dans le nom de l'acide, et l'on y change les terminaisons hydrique, ique et eux respectivement en ure, ate et ite; ceci fait on ajoute la préposition de et le nom du métal. Nous aurons donc les noms suivants : (1) (**HI**) iodure de sodium (**IO³H**) iodate de sodium (**NO²H**) azotite de sodium (**ClO⁴H**) perchlorate de sodium (**C²H⁴O²**) acétate de sodium, — (2) (**HF**) fluorure de sodium (**HCy**) cyanure de sodium, — (3) séléniure de sodium (au lieu de sélénure de sodium), bromure de sodium, — (4) arséniate de sodium (au lieu de arsénate de sodium), borate de sodium, — (5) sélénite (**SeO³H²**) et (**SeO⁴H²**) séléniate de sodium (au lieu de sélénite et sélénate de sodium) (**ClO²H**) chlorite et (**ClO³H**) chlorate de sodium (**NO²H**) azotite et (**NO³H**) azotate de sodium.

8. *Des espèces chimiques s'appellent chlorure de plomb, bromure de potassium, hyposulfite de sodium, carbonate de potassium. Déduire de ces noms leur constitution.*

Les terminaisons ure, ite et ate, ainsi que les noms de métaux qui terminent chaque nom, montrent que ces substances sont des sels métalliques des hydracides, acide chlorhydrique (**H** et **Cl**), acide bromhydrique (**H** et **Br**), et des oxacides, acide hyposulfureux (**H,O** et **S**), acide carbonique (**H, O** et **C**). Dans ces acides, l'hydrogène acide a été remplacé par le métal. Il est donc vraisemblable que le chlorure de plomb est formé de **Pb** et **Cl**, que le bromure de potassium est formé de **K** et **Br**, que l'hyposulfite de sodium renferme **Na**, **O** et **S**, et que le carbonate de potassium contient **K**, **O** et **C**.

9. *Dans quels groupes se rangent les espèces chimiques dont les noms se terminent : 1° par ure; 2° par ate; 3° par ite? Quelle est leur constitution probable?*

La terminaison ure indique un composé non oxygéné généralement binaire et parfois un sel d'hydracide. Ainsi une espèce chimique dont le nom se termine par ure est probablement constituée par deux corps simples dont l'un au moins est un métalloïde, sauf l'oxygène. On peut ajouter que le corps simple qui prend la terminaison ure est un métalloïde. Pour que l'espèce chimique soit un sel d'hydracide, il faut que le corps simple qui n'a pas la terminaison ure soit un métal, et de plus qu'en remplaçant ce métal par de l'hydrogène, la nouvelle substance obtenue soit acide.

Une espèce chimique dont le nom se termine par ate est un sel métallique d'un acide en ique. Elle contient donc de l'oxygène, probablement un métalloïde (celui qui caractérise l'oxacide correspondant), et un métal qui a remplacé l'hydrogène acide de l'acide.

Une espèce chimique dont le nom se termine par ite est un sel métallique d'un acide en eux. Elle contient donc de l'oxygène, probablement un métalloïde (celui qui caractérise l'acide correspondant), et un métal qui a remplacé l'hydrogène acide de l'acide. On peut ajouter qu'à cette espèce chimique en correspond une autre dont le nom se termine en ate.

10. *Nommer les combinaisons des éléments* **Pb** et **Sn** *(antimoine)*; **C** et **Fe**; **C** et **Ca**; **P** et **H**.

Sn est un métalloïde **Pb** et un métal, d'où le nom : antimoniure de plomb. On dit fréquemment alliage de plomb et d'antimoine car l'antimoine a des propriétés physiques qui le rapprochent des métaux.

C est un métalloïde et **Fe** un métal, d'où le nom : carbure de fer.

C est un métalloïde et **Ca** un métal : carbure de calcium.

P et **H** sont des métalloïdes; comme **H** est le dernier de la liste des métalloïdes nous dirons : phosphure d'hydrogène.

11. *Des substances ont pour formules* NCl^3, As^2Ca^3 *(As arsenic, métalloïde)*, CS^2, $SiCl^4$ *comment les nommez-vous?*

Ce sont toutes des composés binaires non oxygénés où il y a au moins un métalloïde.

N et **Cl** sont deux métalloïdes; comme **Cl** a la plus petite valence, il prend la terminaison ure d'où le nom : chlorure d'azote.

As seul est un métalloïde; il prend la terminaison ure d'où le nom : arséniure de calcium (au lieu de arsenicure de calcium).

C et **S** sont deux métalloïdes; comme **S** a la plus faible valence il prend la terminaison ure, d'où le nom; sulfure de carbone.

Si et **Cl** sont deux métalloïdes; comme **Cl** a la plus petite valence, il prend la terminaison ure, d'où le nom : chlorure de silicium.

12. *Des substances se nomment bromure d'azote, carbure d'aluminium, chlorure stanneux. Que peut-on en déduire?*

La terminaison ure indique que nous avons affaire à des composés non oxygénés, probablement binaires, dont l'un au moins des corps simples, celui qui a la terminaison ure, est un métalloïde. Le bromure d'azote contient du brome et de l'azote. Le carbure d'aluminium renferme du carbone et de l'aluminium. Le chlorure stanneux est formé de chlore et d'étain, mais la terminaison eux indique qu'à l'étain correspond un autre chlorure, appelé chlorure stannique, plus riche en chlore que le chlorure stanneux; ainsi l'étain a au moins deux valences.

13. *Des substances se nomment oxyde de zinc, oxyde mercureux, anhydride chloreux. Que peut-on en conclure?*

Ce sont des composés oxygénés probablement binaires dont les **deux premiers** s'unissent aux acides pour donner des sels et dont le dernier est un anhydride d'acide.

Alors l'oxyde de zinc est composé d'oxygène et de zinc. L'oxyde **mercureux** est formé d'oxygène et de mercure, mais la terminaison **eux montre** qu'il y a aussi l'oxyde mercurique où le mercure a une valence **supérieure**. L'anhydride chloreux est formé d'oxygène et de chlore.

14. *Nommer les composés de formules* SnO *et* SnO^2; Hg^2O *et* HgO; *qui, au contact des acides, donnent des sels.*

Ces composés binaires oxygénés sont alors des oxydes métalliques. **Comme** au même métal correspondent deux oxydes, celui-ci prend la **terminaison** eux ou ique suivant que le métal a la valence la plus petite ou **la plus grande**. Dans SnO, Sn est bivalent; dans SnO^2, Sn est quadrivalent. Dans Hg^2O, Hg est univalent; dans HgO, Hg est bivalent. Alors SnO — oxyde **stanneux** (au lieu de étaineux); SnO^2 oxyde stannique; Hg^2O oxyde **mercureux**; HgO oxyde mercurique.

15. *Nommer les composés de formules* B^2O^3; As^2O^3 *et* As^2O^5 *qui, au contact des bases, donnent des sels.*

Ces oxydes sont alors des anhydrides d'acide. B^2O^3 se nomme anhydride borique. Au métalloïde arsenic correspondent deux anhydrides. Dans As^2O^3, As est trivalent (O^3 6 valences; dont 2 As ont 6 valences); dans As^2O^5, As est pentavalent. Nous donnons la terminaison eux ou ique suivant que le métalloïde a la valence la plus faible ou la plus forte. Donc As^2O^3 = anhydride arsénieux et As^2O^5 anhydride arsénique.

16. *Des formules* NO^2H *(acide azoteux),* $C^2H^4O^2$ *(acide acétique uniacide),* PO^4H^3 *(acide phosphorique, triacide) déduire les noms et formules des anhydrides correspondants.*

On obtient l'anhydride en enlevant à l'acide son hydrogène acide sous forme d'eau. Pour que le nombre d'atomes de cet H acide soit pair (H^2O) nous prendrons deux molécules de chacun de ces acides.

Alors $2NO^2H$ — H^2O N^2O^3 est la formule de l'anhydride azoteux; $2C^2H^4O^2$ — H^2O $C^4H^6O^3$ est la formule de l'anhydride acétique; $2PO^4H^3$ — $3H^2O$ P^2O^5 est la formule de l'anhydride phosphorique.

17. *Ranger par ordre d'oxydation croissante les oxydes de plomb : litharge* PbO, *oxyde puce* PbO^2, *et minium* Pb^3O^4.

Il faut rapporter les formules à la même masse de métal soit donc ici à trois atomes de plomb. Alors les formules s'écrivent respectivement Pb^3O^3, Pb^3O^6 Pb^3O^4. L'ordre d'oxydation croissante est PbO litharge, Pb^3O^4 minium et PbO^2 oxyde puce.

ACIDE SULFHYDRIQUE

1. *Quand la réaction s'arrêterait-elle si on ne faisait que décanter l'acide étendu? — Cet inconvénient serait-il aussi grand avec le sulfure commercial qui est en plaques et non poreux comme le sulfure que nous avons fabriqué?*

La réaction s'arrêterait quand l'acide étendu qui imprègne le solide est détruit en réagissant sur le sulfure. — Comme le sulfure que nous avons fabriqué est poreux, il retient beaucoup plus d'acide que le sulfure en plaques et par suite l'action serait plus active et, à égalité de masse du sulfure, il y aurait plus de H_2S formé.

2. *24^g de notre sulfure de fer ont donné en tout $1^l,66$ de gaz H_2S. Est-ce à peu près conforme à l'équation de réaction?*

L'équation de réaction

$$FeS + 2HCl = H_2S + FeCl_2$$

montre que $56 + 32 = 88^g$ de sulfure de fer artificiel donnent une molécule-gramme, soit $22^l,4$ ($0^o, 1^{atm}$) de gaz H_2S. Alors 24^g de ce sulfure donneraient $\dfrac{22,4 \times 24}{88} = 6^l,1$ d'acide sulfhydrique.

Nous n'en obtenons que $1^l,66$ soit à peu près le quart. Donc notre sulfure n'a pas la constitution indiquée par la formule FeS.

3. *On verse HCl étendu sur FeS contenu dans un tube à essai. On enflamme le gaz qui se dégage. Comment se fait-il que l'ouverture du tube se recouvre d'un solide jaune?*

De l'action de ces deux substances résulte surtout du gaz sulfhydrique H_2S qui brûle à l'air.

Mais à l'ouverture du tube l'oxygène arrive en quantité insuffisante, aussi H brûle seul et il reste du soufre qui se dépose à cet endroit.

4. *Pourquoi faut-il faire la dissolution de gaz sulfhydrique avec de l'eau récemment bouillie? Pourquoi les flacons de dissolution doivent-ils être complètement remplis?*

Une dissolution aqueuse de H_2S laissée à l'air se trouble graduellement car H se combine à O de l'air (gazeux ou dissous) et le S est libéré de H_2S.

On évite cette réaction en empêchant le contact de O et par suite de l'air avec H_2S. Pour cela il faut de l'eau sans air dissous (eau récemment bouillie) et des flacons sans air libre (flacons complètement remplis).

5. *On dit parfois que l'hydrogène sulfuré sent les œufs pourris. Ne serait-il pas plus correct de dire l'inverse?*

Les matières organiques qui constituent l'œuf contiennent en particulier du soufre et de l'hydrogène. Quand les œufs pourrissent, il se forme de l'hydrogène H_2S auquel les œufs pourris doivent leur odeur nauséabonde. Il est donc plus correct de dire que les œufs pourris sentent l'hydrogène sulfuré.

On dit fréquemment l'inverse parce que l'odeur des œufs pourris est connue d'un grand nombre de personnes qui ignorent la chimie.

6. Y a-t-il du soufre dans les œufs? — Comment se fait-il que les couverts en argent noircissent souvent quand on mange des œufs?

L'argent est inaltérable à l'air; donc quand l'argent noircit ce n'est pas dû à l'oxygène. Le noircissement de l'argent est dû à la formation de sulfure d'argent Ag^2S.

Si les couverts en argent noircissent quand on mange des œufs, c'est dû à Ag^2S; donc le soufre provient forcément des œufs. Ainsi les matières organiques qui constituent l'œuf renferment du soufre.

7. Comment peut-on procéder pour brunir l'argent? — Pourquoi est-il commode pour cela de mettre le métal dans un bisulfure de sodium (ou d'ammonium $(NH^4)HS$) et d'ajouter un peu d'acide chlorhydrique?

Le brunissement de l'argent est dû à la formation du sulfure Ag^2S. On peut donc combiner Ag à S (et cela se fait : voir le chapitre soufre); on peut aussi le faire agir sur H^2S et cela a lieu surtout si ce gaz est humide.

Un sulfure soluble doit réagir d'une façon analogue à H^2S qui est du sulfure d'hydrogène. Tels sont les bisulfures $NaHS$ et $(NH^4)HS$. — En ajoutant un peu de HCl ces sulfures sont des composés et donnent H^2S qui réagit sur l'argent.

8. Les objets en argent brunissent lentement dans le gaz d'éclairage. Que peut-on en conclure?

Le brunissement de l'argent est dû à la formation du sulfure Ag^2S. Il existe donc dans le gaz d'éclairage un composé gazeux qui réagit sur l'argent. Nous connaissons SO^2 et H^2S. Comme le premier ne réagit pas sur l'argent, c'est que le gaz d'éclairage renferme H^2S.

9. Montrer que l'action de H^2S sur les sels métalliques est conforme aux réactions entre sels et que l'on a

$$AM + H^2S = AH^2 + MS \text{ (sulfure) ou } 2\,AM + H^2S = 2\,AH + M^2S$$

suivant que le métal M du sel AM est respectivement bivalent ou monovalent.

Le sulfure d'hydrogène H^2S étant un acide, il appartient à la classe des sels. Si en le faisant agir sur un sel métallique, tout l'hydrogène acide H^2 pourra être remplacé par le métal de ce sel. Mais H^2 ayant 2 valences, il doit être remplacé par un groupe bivalent soit donc ou par 2 atomes d'un métal univalent ou par un atome de métal bivalent.

On est bien conduit aux équations indiquées, puisque pour avoir deux valences du métal, il faut 2 ou 1 molécule du sel métallique, suivant que le métal est respectivement uni ou bivalent.

CHLO E

Le courant électrique scinde $NaCl$ dissous (action primaire) en Na et Cl; ainsi $NaCl = Na + Cl\nearrow$.

Mais le sodium réagit sur l'eau (action secondaire) suivant l'équation

$$Na + H^2O = NaOH + H\nearrow$$

En ajoutant ces deux équations membre à membre de façon à faire dispaiaître **Na**, on obtient l'équation résumée.

$$\mathbf{NaCl + H^2O = Cl\nearrow + NaOH + H\nearrow}$$

L'oxylithe **Na²O²** réagit sur l'eau suivant l'équation

$$\mathbf{Na^2O^2 + H^2O - 2NaOH + O\nearrow}$$

Donc une molécule-gramme d'oxylithe, soit $(23 + 16)\,2 - 78^g$, donne une demi-molécule-gramme, soit $11^l,2$ d'oxygène diatomique. Pour obtenir $2^l,24$ de ce gaz, il faut donc traiter par l'eau $\dfrac{78 \times 2}{10} = 15^g,6$ d'oxylithe.

· Le bioxyde de manganèse **MnO²** oxyde l'acide chlorhydrique **HCl** suivant l'équation

$$\mathbf{MnO^2 + 4HCl = 2H^2O + MnCl^2 + Cl^2.}$$

Donc $55 + 16 \times 2 = 87^g$ de bioxyde de manganèse fournissent $22^l,4$ $(0^o,1^{atm})$ de chlore gazeux diatomique. Et pour en obtenir $4^l,48$ il faut $\dfrac{87 \times 4,48}{22,4} = 17^g,4$ de bioxyde de manganèse.

Le chlore est diatomique; donc sa formule est **Cl²** et par suite $35,5 \times 2 = 71^g$ de ce gaz occupent $(0^o,1^{atm})$ $22^l,4$.

Un litre de chlore liquide donne 400^l de gaz et pèse alors $\dfrac{71 \times 400}{22,4} = 1\,267^g$.

La densité par rapport à l'eau du chlore liquide est 1,3 environ.

CHLORURES DÉCOLORANTS

1. *Montrer que le chlorure de chaux contient environ le tiers de sa masse de chlore.*

1^{kg} de chlorure de chaux équivaut à environ 100^l de chlore gazeux. La formule **Cl²** montre que $22^l,4$ de chlore $(0^o,1^{atm})$ pèsent $35,5 \times 2$ grammes. Donc 100^l de chlore pèsent $\dfrac{35,5 \times 2 \times 100}{22,4} = 317^g$ environ. C'est approximativement le tiers de la masse du chlorure de chaux.

2. *Pourquoi cela sent-il le chlore quand on a répandu du chlorure de chaux dans les cabinets? Quel rôle joue-t-il?*

Les hypochlorites, peu stables, sont décomposés même par l'acide carbonique. Alors l'hypochlorite de calcium du chlorure de chaux donne du chlore utilisé à cause de ses propriétés désinfectantes : ainsi il décompose **H²S** en donnant $2\mathbf{HCl}$ et **S**.

3. *Pourquoi marque-t-on sur les flacons d'eau de Javel : « Tenir debout et au frais? »*

L'hypochlorite de sodium, principe actif de l'eau de Javel, se décompose assez rapidement à chaud en donnant des gaz.

La décomposition est retardée en maintenant la température basse.

En maintenant la bouteille debout, le liège n'est pas au contact du liquide et se désagrège moins vite. De plus, les gaz produits lors de la décomposition de l'hypochlorite peuvent s'échapper lentement et, s'ils font sauter le bouchon, le liquide reste dans le flacon.

4. Serait-ce prudent d'utiliser l'eau de Javel avec les tissus de laine et de soie?

Non, car le chlore attaque et désorganise surtout les substances **organiques** animales.

PHOSPHORE

1. On veut transformer une molécule-gramme de phosphate de calcium : 1° en acide phosphorique; 2° en superphosphate.

Déterminer les volumes d'acide de densité 1,091 (12°B) et de densité 1,563 (52°B) à employer sachant que 1ᵏᵍ de ces acides renferme respectivement 140ᵍ et 666ᵍ d'acide pur.

Pour transformer le phosphate de calcium en acide phosphorique ou en superphosphate, il faut enlever respectivement 3 ou 2 atomes de calcium bivalent, ce qui exige 3 ou 2 molécules d'acide sulfurique, d'où les équations

$$(PO^4)^2Ca^3 + 3SO^4H^2 = 2PO^4H^3 + 3SO^4Ca$$
$$(PO^4)^2Ca^3 + 2SO^4H^2 = (PO^4)^2CaH^4 + 2SO^4Ca.$$

La molécule-gramme de l'acide sulfurique pur étant $32 + 16 \times 4 + 1 \times 2 = 98^g$, la transformation d'une molécule-gramme de phosphate de calcium exige $98 \times 3 = 294^g$ soit $98 \times 2 = 196^g$ d'acide sulfurique pur suivant que l'on veut de l'acide phosphorique ou du superphosphate.

La première réaction (acide phosphorique) exige donc $\dfrac{294}{140} = 2^{kg},100$

soit $\dfrac{2,100}{1,091} = 1^l,924$ d'acide à 12° B. La seconde réaction (superphosphate)

exige $\dfrac{196}{666} = 0^{kg},294$ soit $\dfrac{0,294}{1,563} = 0^l,188$ d'acide à 52° B.

2. Quelle masse de phosphore peut-on retirer d'un kilogramme de phosphate de calcium pur? de 15ᵍ?

Une molécule-gramme de phosphate tricalcique $(PO^4)^2Ca^3$ soit $(31 + 16 \times 4) 2 + 40 \times 3 = 310^g$ contient 2 atomes de phosphore, pesant 31×2 grammes, et qui sont finalement libérés dans la préparation du phosphore. Ainsi, théoriquement, la masse du phosphore est $\dfrac{31 \times 2}{310} = \dfrac{1}{5}$ de celle du phosphate.

Ainsi 1^{kg} de phosphate donne théoriquement $\dfrac{1000}{5} = 200^g$ de phosphore;

et 15ᵍ de phosphate en donnent $\dfrac{15}{5} = 3^g$.

MÉTAUX

1. Le sel Solvay et les cristaux de soude ont pour formules respectives CO^3Na^2 et $CO^3Na^2, 10H^2O$. 1° Calculer leurs molécules-grammes. 2° Déterminer la masse d'eau nécessaire pour transformer en cristaux $s = 53^g$ de sel Solvay. — On *dissout ces cristaux dans de l'eau à 15° (solubilité des cristaux 63ᵍ). Combien faut-il d'eau pour avoir une solution exactement saturée à 15°?*

CO^3Na^2 a pour molécule-gramme $12 + 16 \times 3 + 23 \times 2 = 106^g$. Comme $10H^2O$ pèsent $10(1 \times 2 + 16) = 180^g$, la molécule-gramme des cristaux de soude est $106 + 180 = 286^g$.

De ce qui précède résulte qu'il faut 180^g d'eau pour transformer en cristaux 106^g de sel Solvay. La transformation de 53^g exige alors $\dfrac{180 \times 53}{106} = 90^g$ d'eau $\left(\text{d'une façon générale } \dfrac{180 \times s}{106}\right)$ et donne $53 + 90 = 143^g$ de cristaux de soude.

Puisque 63^g de cristaux se dissolvent dans 100^g d'eau, 143^g exigent $\dfrac{100 \times 143}{63} = 227^g$ environ. Ainsi, en partant de 53^g de sel Solvay, il faut théoriquement ajouter $90 + 227 = 317^g$ d'eau pour obtenir une solution exactement saturée à 15°.

2. Pourquoi, à masses égales, le sel Solvay se vend-il plus cher que les cristaux de soude? — Quelle masse de cristaux donnent 53ᵍ de sel Solvay? — Lequel est le plus commode à transporter?

Les formules CO^3Na^2 et $CO^3Na^2,10\,H^2O$ conduisent aux molécules-grammes respectives 106^g et 286^g. On passe de 106^g de sel Solvay à 286^g de cristaux par addition de 180^g d'eau de prix insignifiant. Donc 53^g de sel Solvay donnent $\dfrac{286 \times 53}{106} = 143^g$ de cristaux. Comme le principe actif des deux substances est CO^3Na^2, à masse égale les cristaux n'en renferment que les $\dfrac{53}{143}$ (de l'ordre de $\dfrac{1}{3}$; exactement $\dfrac{1}{2,7}$); d'autre part, la fabrication conduit à CO^3Na^2, et il faut des manipulations supplémentaires pour passer aux cristaux. Ainsi le sel Solvay coûte plus cher que les cristaux, mais moins que ne le voudrait la proportion $\dfrac{53}{100}$. — En raison de la grande masse d'eau absorbée, les cristaux sont plus volumineux et beaucoup plus pesants que la quantité correspondante en CO^3Na^2 de sel Solvay. Le transport de celui-ci est moins coûteux.

3. Des formules $CO^2Na^2. 10H^2O$ et CO^3Na^2, déduire la perte de masse que subiraient 18ᵍ,5 de cristaux de soude fortement chauffés.

Ces formules conduisent aux molécules-grammes respectives 286^g et 106^g. Donc 286^g de cristaux transformés en sel Solvay perdent 180^g ($10H^2O$) et $18^g,5$ perdaient $\dfrac{180 \times 18,5}{286} = 11^g,6$.

4. Pourquoi, dans vos achats, devez-vous rechercher les cristaux de soude effleuris?

Comme on les vend le même prix que les autres, à masse égale, et comme ils ne diffèrent d'eux que par la perte d'eau, acheter des cristaux au lieu de sel effleuri revient à acheter l'eau partie au prix des cristaux.

5. *Calculer la masse théorique de carbonate de sodium anhydre que donnent 10^g de bicarbonate pur fortement chauffé sachant que*

$$2 CO^3NaH \quad CO^3Na^2 + CO^2 + H^2O.$$

La molécule-gramme du bicarbonate est $12 + 16 \times 3 + 23 + 1 = 84^g$. Ainsi 2×84 grammes de bicarbonate fortement chauffé donnent une molécule-gramme de sel Solvay soit $12 + 16 \times 23 + 2 = 106^g$. Alors 10^g de bicarbonate doivent donner $\dfrac{106 \times 10}{2 \times 84} = 6^g,3$ de carbonate anhydre.

6. *Calculer le volume théorique de gaz carbonique donné par la calcination de 3^g de bicarbonate.*

L'équation $2 CO^3NaH = CO^3Na^2 + CO^2 + H^2O$ montre que la calcination de $2 (12 + 16 \times 3 + 23 + 1) = 2 \times 84$ grammes de bicarbonate donne une molécule-gramme, soit $22^l,4$ $(0°,1^{atm})$ de gaz carbonique. Alors 3^g donneront théoriquement $\dfrac{22,4 \times 3}{2 \times 84} = 0^l,40$ d'anhydride carbonique.

7. *Connaissant les molécules-grammes des trois carbonates de sodium, comparer les volumes de gaz carbonique obtenus en décomposant totalement par un acide des masses égales m — 2^g de chacune de ces trois substances.*

CO^3Na^2. $10H^2O$, CO^3Na^2, *et* CO^3NaH *donnent chacun* CO^2

Nous avons vu (problèmes 1 et 5) que le sel Solvay, les cristaux de soude et le bicarbonate ont pour molécules-grammes respectives 106^g, 286^g et 84^g

Les formules CO^3Na^2 et CO^3NaH pouvant s'écrire CO^2Na^2O et CO^2NaOH, chaque molécule-gramme traitée par un acide donnera CO^2 soit $22^l,4$ $(0°1^{atm})$.

Alors 2^g de chacune de ces substances respectives donneront :

$$\frac{22\,400 \times 2}{106} = 423^{cm^3} \text{ (Solvay)} \qquad \frac{22\,400 \times 2}{286} = 157^{cm^3} \text{ (cristaux)}$$

et

$$\frac{22\,400 \times 2}{84} = 533^{cm^3} \text{ (bicarbonate) de gaz carbonique.}$$

8. *Déterminer les masses relatives des trois carbonates nécessaires pour neutraliser m $= 0^g,98$ d'acide sulfurique pur, qu'on a dilué dans de l'eau.*

Les équations de réaction :

$$CO^3Na^2 + SO^4H^2 = CO^2 + H^2O + SO^4Na^2$$
$$CO^3Na^2.\,10H^2O + SO^4H^2 = 10H^2O + CO^2 + H^2O + SO^4Na^2$$
$$2 CO^3NaH + SO^4H^2 = 2CO^2 + 2H^2O + SO^4Na^2$$

montrent qu'une molécule-gramme, soit $32 + 16 \times 4 + 1 \times 2 = 98^g$ d'acide sulfurique sont neutralisés par (voir problèmes 1 et 5) 106^g de sel Solvay, par 286^g de cristaux de soude et par 2×84 grammes de bicarbonate.

Pour neutraliser $0^g,98$ d'acide sulfurique, soit 100 fois moins, il faut donc $1^g,06$ de sel Solvay, $2^g,86$ de cristaux de soude et $1^g,68$ de bicarbonate.

9. *Montrer tous les avantages du sel Solvay sur les cristaux de soude.*

Au point de vue des applications, ces deux substances agissent d'une manière identique.

A masses égales, les cristaux de soude $(10H^2O)$ contiennent beaucoup moins de substance active (CO_3Na_2) que le sel Solvay qui est cette substance pure; donc le transport du sel Solvay est moins coûteux que celui des cristaux. — A l'air, les cristaux s'effleurissent et diminuent de masse (perte de H_2O). Le sel Solvay est plus stable et augmenterait plutôt de masse en absorbant la vapeur d'eau atmosphérique — La dissolution du sel Solvay est plus rapide que celle des cristaux car le mélange d'eau et de sel Solvay s'échauffe notablement. — La fabrication industrielle conduit au bicarbonate CO_3NaH qui, calciné, donne du sel Solvay CO_3Na_2. La transformation en cristaux exige la dissolution dans l'eau du sel Solvay puis la cristallisation de la nouvelle substance dissoute. Ainsi la fabrication du sel Solvay est plus simple.

POTASSIUM ET SES COMPOSÉS

1. *Déterminer la proportion de potassium contenu dans 100^g de chlorure de potassium KCl. A quelle masse de potasse K_2O cela correspond-il? En déduire la proportion pour cent de potasse correspondant au chlorure KCl.*

La molécule-gramme du chlorure de potassium est $39 + 35,5 = 74^g,5$. Ainsi $74^g,5$ de KCl renferment 39^g de K et 100^g en contiennent $\dfrac{39 \times 100}{74,5} = 52^g,35$ environ.

A $2K = 2 \times 39^g$ correspondent $K_2O = 39 \times 2 + 16 = 94^g$. Donc à 39^g de K correspondent 47^g de K_2O et à $\dfrac{39 \times 100}{74,5}$ grammes de K, contenus dans 100^g de KCl, correspondent $\dfrac{47}{39} \times \dfrac{39 \times 100}{74,5} = \dfrac{47 \times 100}{74,5} = 63^g,09$ environ de potasse K_2O (pratiquement, prendre $63\ ^0/_0$).

2. *Déterminer la proportion pour cent de potasse K_2O contenue dans le sulfate de potassium SO_4K_2.*

En considérant le sulfate comme l'union de l'anhydride acide SO_3 (anhydride sulfurique) et de l'anhydride basique K_2O, nous pouvons écrire $SO_4K_2 = SO_3.K_2O$. Ainsi $32 + 16 \times 4 \times 39 \times 2 = 174^g$ de sulfate de potassium renferment $39 \times 2 + 16 = 94^g$ de potasse K_2O. La teneur pour cent en potasse K_2O est donc $\dfrac{94 \times 100}{174} = 54,02\ ^0/_0$ environ (pratiquement, prendre $54\ ^0/_0$).

3. *En répétant, mot pour mot, ce qui a été dit à propos du chlorure de sodium fondu ou dissous, montrer que l'électrolyse de KCl peut conduire à K, Cl; KOH, H, Cl; $ClOK$, ClO_3K.*

L'électrolyse de KCl fondu conduit à K (cathode) et Cl (anode).

Si KCl est dissous, K donne $2K + 2H_2O = 2H\nearrow + 2KOH$; le gaz H se dégage et la potasse se dissout. Si donc on sépare l'anode de la cathode (cloison poreuse par exemple) on aura finalement KOH (dissoute) $+ H\nearrow - Cl\nearrow$.

Sans cloison poreuse, on aura en dissolution dans la cuve électrolytique à la fois la potasse caustique KOH et le chlore Cl. Ces deux substances réagiront et, suivant la température et la concentration, on obtiendra de l'hypochlorite $ClOK$ ou du chlorate ClO_3K de potassium.

4. *Déterminer la proportion pour cent d'azote nitrique (azote entrant dans l'acide azotique) contenu dans un salpêtre de richesse 92 %.*

Le principe actif du salpêtre est le nitrate de potassium NO^3K de molécule-gramme $14 + 16 \times 3 + 39 = 101^g$. Ainsi 101^g de nitrate renferment 14^g d'azote nitrique et 92^g en contiennent $\dfrac{14 \times 92}{101} = 12^g,75$ qui se trouvent dans 100^g du salpêtre considéré.

La teneur pour cent d'azote nitrique de ce salpêtre est donc 12,75 %. (S'il était pur, sa richesse serait $\dfrac{14 \times 100}{101} = 13,86$ %.) (Pratiquement, prendre 13 et 14 %.)

5. *Même question que la précédente pour la proportion de potasse K^2O.*

En faisant apparaître les formules des anhydrides acide et basique correspondants, on peut écrire :

$$2\,NO^3K = N^2O^5.K^2O.$$

Ainsi $2\,(14 + 16 \times 3 + 39) = 2 \times 101$ grammes de nitrate pur renferment $39 \times 2 + 16 = 94^g$ de potasse K^2O. Et 92^g (voir le problème précédent) en contiennent $\dfrac{94 \times 92}{2 \times 101} = 42^g,81$ qui se trouvent dans 100^g du salpêtre considéré.

La teneur pour cent de potasse de ce salpêtre est donc 42,81 %. (S'il était pur, sa richesse serait $\dfrac{94 \times 100}{2 \times 101} = 46,53$ %.) (Pratiquement prendre 43 et 46,5 %.)

5. *Montrer qu'à masses égales l'azotate de potassium et l'azotate de sodium ne donnent pas la même masse d'acide azotique.*

Une molécule d'azotate de potassium NO^3K aussi bien qu'une molécule d'azotate de sodium NO^3Na donnent une molécule, soit la même masse d'acide azotique. Comme $K = 39$ et $Na = 23$, une molécule de nitrate de potassium est plus lourde qu'une molécule de salpêtre du Chili. Donc pour avoir la même masse d'acide azotique, il faut employer plus de nitrate de potassium.

$(NO^3K = 101^g; NO^3Na = 85^g; NO^3H = 63^g$. Donc 101^g de NO^3Na donnent $\dfrac{63 \times 101}{85} = 75^g$ environ d'acide nitrique.)

CALCAIRES — CHAUX — MORTIERS — CIMENTS

1. *Dosage du calcaire d'une terre. On traite 1^g de terre par l'acide chlorhydrique étendu, et l'on obtient 40^{cm3} de gaz. Quelle est la proportion pour cent de calcaire dans la terre étudiée ?*

La réaction $CO^3Ca + 2HCl = CO^2 + H^2O + CaCl^2$ de décomposition du calcaire par l'acide chlorhydrique montre que $12 + 16 \times 3 + 40 = 100^{mg}$ de calcaire donnent $22^{cm3},4\ (0^o, 1^{atm})$ de gaz carbonique.

Donc 40$^{cm^3}$ de gaz correspondent à $\dfrac{100 \times 40}{22,4} = 178^{mg},6$ de calcaire.

La teneur cherchée est donc $\dfrac{0,1786 \times 100}{1}$, soit 18 °/$_0$ environ.

2. *Quelle impureté principale renferme une chaux qui n'est pas assez cuite? Que se produira-t-il quand on la mettra : 1° dans l'eau ; 2° dans l'acide chlorhydrique?*

Si l'on est parti du calcaire pur, la chaux insuffisamment cuite contiendra du carbonate de calcium inaltéré. Donc, mise dans l'eau, une partie (CO_3Ca) ne subira pas de transformation. Si, dans le lait ainsi obtenu, on verse immédiatement de l'acide chlorhydrique, il y aura une effervescence d'autant plus abondante que la richesse en calcaire restant sera plus grande.

3. *Que doit-il arriver si on expose des sacs de chaux à la pluie?*

La chaux vive donne, avec l'eau, de la chaux éteinte. Et celle-ci absorbe graduellement le gaz carbonique de l'air en se transformant en carbonate de calcium CO_3Ca. Sous un hangar, la chaux ne peut absorber que la vapeur d'eau atmosphérique; les réactions précédentes ont donc lieu mais avec une grande lenteur.

4. *Combien 1^{kg} de chaux vive exige-t-il d'eau pour se transformer en $Ca(OH)_2$? — Pratiquement on compte que le mètre cube de chaux vive pèse 830^{kg} et pèse après extinction 1830^{kg}. L'eau employée est-elle entrée tout entière en réaction?*

L'extinction de la chaux vive se fait suivant l'équation

$$CaO + H_2O = Ca(OH)_2.$$

Théoriquement quand on éteint $40 + 16 = 56^{kg}$ de chaux vive, avec $1 \times 2 + 16 = 18^{kg}$ d'eau, on obtient $40 + (16 + 1)2 = 74^{kg}$ de chaux éteinte. Donc l'extinction de 1^{kg} de chaux vive exige $\dfrac{18}{56} = 0^{kg},321$ d'eau.

Alors 830^{kg} de chaux vive donnent théoriquement $\dfrac{74 \times 830}{56} = 1\,097^{kg}$ de chaux éteinte.

Comme le mètre cube de chaux éteinte pèse pratiquement 1 830^{kg}, c'est que $1\,830 - 1\,097 = 733^{kg}$ d'eau ne sont pas entrés en réaction.

5. *Quelles réactions successives doivent se produire quand on laisse de la chaux vive à l'air? — Ces réactions sont-elles retardées si les sacs de chaux vive sont placés sous un hangar ouvert (donc muni d'un toit)? — Y a-t-il intérêt à placer les sacs de chaux dans une chambre close?*

La chaux vive absorbe sous un hangar ouvert, la vapeur d'eau atmosphérique (l'eau si elle est exposée à la pluie, auquel cas la réaction est extrêmement plus active) et se transforme en chaux éteinte suivant l'équation

$$CaO + H_2O = Ca(OH)_2.$$

La chaux éteinte formée s'unit au gaz carbonique de l'atmosphère et se transforme en carbonate de calcium :

$$Ca(OH)_2 + CO_2 = CO_3Ca + H_2O.$$

Si donc les sacs sont mis dans une chambre close, l'air s'y renouvelle, assez difficilement de sorte qu'en peu de temps la chaux se trouve dans une atmosphère sèche et privée de CO_2; alors, les transformations précédentes doivent se faire avec une lenteur extrême.

6. *Les cendres des végétaux renferment toujours de la chaux. Que doit-on en conclure? Que doit-il arriver si une terre ne contient pas assez de calcaire? — Ne pourrait-on y remédier en y semant du calcaire pulvérisé? — Est-il plus commode de pulvériser de la chaux vive que du calcaire? — N'est-il pas très commode de pulvériser finement de la chaux grasse en la transformant en chaux éteinte? — De tout de ce qui précède, conclure pourquoi l'agriculteur procède au « chaulage » d'une terre en utilisant de la chaux grasse vive ou éteinte. (On procède à ce chaulage une quinzaine avant d'ensemencer.)*

Le calcium de cette chaux ne pouvant provenir de l'atmosphère est forcément emprunté au sol et cela sous la forme normale, savoir CO_3Ca. Si donc une terre ne contient pas assez de calcaire, les végétaux ne trouveront pas toute la chaux qui leur est indispensable et ils dépériront. — On pourrait alors semer du calcaire pulvérisé, mais, sans labour ou hersage, cette poudre insoluble dans l'eau (mais un peu soluble dans l'eau chargée de CO_2) demeure à la surface. — Il est beaucoup plus commode de pulvériser mécaniquement de la chaux vive que du calcaire; comme d'autre part la chaux est un peu soluble dans l'eau et qu'à l'air (question n° 5) la chaux vive se transforme finalement en calcaire, il y aura avantage à susbtituer CaO à CO_3Ca, d'autant plus que l'eau de chaux formée pénètre au moins superficiellement dans la terre. — Au lieu d'employer un procédé mécanique pour pulvériser la chaux vive, il n'y a qu'à l'éteindre. Si alors on dispose d'une sorte de pulvérisateur, l'épanchement de la chaux sera très commode et comme ici il y a beaucoup plus d'eau de chaux, la pénétration du sol se fera plus profondément.

7. *Comparer la solidification du mortier au phénomène qui se produit sur un mur fraichement plâtré.*

En somme la solidification du mortier comprend une réaction chimique $Ca(OH)_2 + CO_2 = CO_3Ca + H_2O$ et un phénomène physique, l'évaporation de l'eau : 1° produite par la réaction précédente; 2° mise en excès pour fabriquer le mortier.

La prise du plâtre consiste en la combinaison de SO_4Ca avec l'eau. A cette prise succède l'évaporation de l'eau mise en excès pour gâcher la plâtre.

Il y a donc une analogie entre les deux phénomènes, savoir l'évaporation de l'eau obligatoirement mise en excès pour fabriquer la pâte; mais la solidification du mortier exige seule l'intervention du gaz carbonique de l'air.

8. *Quand on fabrique du mortier, on met plus d'eau que n'en indique l'équation* $CaO + H_2O = Ca(OH)_2$. *Supposons cet excès d'eau évaporé. — Déterminer la masse de l'eau formée au cours de la solidification d'un mortier contenant* 100^{kg} *de chaux éteinte. Quel volume de gaz carbonique exigera cette solidification? Quelle masse de charbon faudrait-il brûler pour produire ce gaz carbonique?*

La solidification du mortier consiste en la transformation de la chaux éteinte en carbonate de calcium suivant l'équation

$$Ca(OH)_2 + CO_2 = CO_3Ca + H_2O$$

Donc $40 + (16 + 1)2 = 74^{kg}$ de chaux éteinte se combinent à $22^{mc},4$ de gaz carbonique et il se forme $1 \times 2 + 16 = 18^{kg}$ d'eau.

Alors 100^{kg} de chaux éteinte se combinent à $\dfrac{22,4 \times 100}{74} = 30^{m^3},3$ de CO_2

et il se forme $\dfrac{18 \times 100}{74} = 24^{kg}, 3$ de H_2O.

L'équation $C + 2O = CO_2$ montre que 12^{kg} de charbon donnent $22^{m^3},4$ de gaz carbonique. Pour avoir $\dfrac{22,4 \times 100}{74}$ mètres cubes de CO_2 il faut $\dfrac{12 \times 100}{74} = 16^{kg},2$ de charbon.

SULFATE DE CALCIUM — PLÂTRE

1. Expérience. — *Un tube à essai pèse $18^g,20$. On y met du gypse en fer de lance et il pèse $26^g,42$. Après chauffage, la masse totale n'est plus que $24^g,62$. En déduire la valeur de x dans la formule SO_4Ca, xH_2O.*

La molécule-gramme de SO_4Ca, xH_2O est $32 + 16 \times 4 + 40 + x(1 \times 2 + 16) = 136 + 18\,x$ grammes. Donc il se dégage $18\,x$ grammes d'eau quand on obtient 136^g de plâtre.

Dans l'expérience, la masse de l'eau partie est la différence entre la masse totale du tube à essai avant et après le chauffage, soit $26,42 - 24,62 = 1^g,80$. Cette eau a été fournie par $26,42 - 18,20 = 8^g,22$ de gypse, et par suite correspond à $8,22 - 1,80 = 6^g,42$ de plâtre.

Donc quand on obtient 136^g de plâtre, il s'est ici dégagé $\dfrac{1,80 \times 136}{6,42} = 38^g,13$ d'eau.

On a donc $18\,x = 38,13$ d'où $x = 2,12$ $(2,117)$.

Remarque. En faisant le raisonnement sur le gypse, on arriverait à l'équation plus compliquée $\dfrac{1,80(136 + 18x)}{8,22} = 18\,x$.

2. Expérience. — *En chauffant au rouge $12^g,0$ de gypse dans un creuset, on obtient $9^g,5$ de plâtre. En déduire la valeur de x dans la formule SO_4Ca,xH_2O. Est-il alors besoin (probl. 1) de chauffer fortement la pierre à plâtre?*

En tenant compte de la solution précédente, nous dirons brièvement :
Il se dégage $18x$ grammes d'eau quand on obtient 136^g de plâtre. Ici il est parti $12,0 - 9,5 = 2^g,5$ d'eau et on a obtenu $9^g,5$ de plâtre. On a donc $\dfrac{2,5 \times 136}{9,5} = 18\,x$ d'où $x = 1,99$ $(1,989)$.

Ainsi donc, en utilisant beaucoup plus de combustible pour avoir une température plus élevée, la quantité d'eau éliminée en plus est très petite (x passe de 2,12 à 1,99); d'autre part, le plâtre est « brûlé ».

3. D'où vient l'expression « essuyer les plâtres »? — *Les murs et le plafond d'une chambre ($5^m \times 4^m$; hauteur 3^m) ont été recouverts d'une couche de plâtre de un demi-centimètre d'épaisseur. Masses de plâtre et d'eau à employer? Masse de* *l'eau entrant en combinaison? Masse de l'eau à évaporer? (Prendre 1,04 pour densité du plâtre solidifié et sec).*

Cette expression vient de ce que dans la solidification du plâtre gâché et dans sa dessiccation ultérieure il s'échappe beaucoup d'eau.

La surface couverte de plâtre pris est (5 : 4) 2 × 3 = 5 × 4 = 74^{m2}. Le volume de plâtre adhérent au mur est sensiblement 7 400 × 0,05 = 370^{dm3} qui pèsent sensiblement 385^{kg} (1,04 × 370 = 384,8) et qui est constitué par du gypse **SO⁴Ca, 2H²O**. Comme nous supposons les conditions théoriques remplies, ce gypse a été produit par du plâtre **SO⁴Ca**. La comparaison des deux formules montre que 32 + 16 × 4 + 40 + (1 × 2 + 16)2 = 136 + 36 = 172^{kg} de gypse donnent 136^{kg} de plâtre. Il a donc fallu utiliser $\frac{136 \times 385}{172}$

= 304^{kg} (304,4) de plâtre qui se sont combinés à 385 — 304 = 81^{kg} d'eau.

Mais pour gâcher le plâtre on prend 60^{kg} d'eau pour 100^{kg} de plâtre. Donc avec les 304^{kg} de plâtre on a employé 182^{kg} d'eau dont 81^{kg} se sont combinés. Il s'est donc évaporé 182 — 81 = 101^{kg} d'eau.

4. Le plâtre qui ne fait plus prise est dit éventé. Comment se fait-il que le plâtre laissé à l'air s'évente?. Qu'arriverait-il si le plâtre recevait la pluie? (On recommande de consommer le plâtre en sacs dans les deux mois; toutefois on peut le garder jusqu'à 6 mois dans un endroit sec et clos).

L'air renferme de la vapeur d'eau qui se combine, sans doute lentement, au plâtre en le transformant en gypse, qui ne fait plus prise avec l'eau si la transformation est totale, puisque la « prise » consiste précisément en la **réaction** qui vient de s'effectuer.

Si le plâtre recevait la pluie, la réaction précédente serait notablement accélérée, et le plâtre deviendrait alors vite hors d'usage.

5. Pourquoi les fours à plâtre doivent-ils être munis d'un toit?

Sans toit, lorsque la cuisson serait avancée jusqu'aux parties extérieures, sous l'action de la pluie le plâtre formé redeviendrait gypse.

Si la cuisson n'était pas avancée, la pluie mouillerait le gypse non encore transformé en plâtre. Mais cette eau devrait être vaporisée, en plus de celle qui entre dans la constitution du gypse, et cela demande beaucoup de chaleur et par suite entraîne une perte de combustible.

6. Qu'arriverait-il si on utilisait le plâtre dans les constructions exposées à la pluie? Pourquoi?

Le gypse est un peu soluble dans l'eau. Donc sous l'action répétée de la pluie il doit y avoir dissolution partielle et le plâtre perd son poli. Toutefois cette action est assez lente pour que, dans la région parisienne, l'usage extérieur du plâtre soit assez fréquent.

7. « Une bonne eau potable n'atteint pas généralement 0^g,50 de résidu fixe et ne contient pas plus de 0^g,06 d'acide sulfurique par litre » (A. Gautier). En déduire la masse de gypse dissous correspondante.

A une molécule-milligramme, soit 32 + 16 × 3 + 1 × 2 = 98^{mg} d'acide sulfurique **SO⁴H²** correspond une molécule-milligramme soit 32 + 16 × 3 + 40 +

$(1 \times 2 + 16)2 = 172^{mg}$ de gypse SO_4Ca. $2H_2O$. Donc à 60^{mg} d'acide correspondent $\dfrac{172 \times 60}{98} = 105^{mg}$ de gypse qui sera totalement dissous (1^l d'eau en dissout environ 2^g).

VERRERIE

1. *On traite le mélange rouge primitif avec de l'acide chlorhydrique concentré. On obtient un dégagement de chlore. Expliquer ce qui a bien pu se produire.*

Quand le carbonate alcalin a été détruit avec effervescence (CO_2) les produits qui demeurent en présence sont (outre SiO_2 non altéré, et KCl dissous provenant de l'action de HCl sur CO_3K_2) l'acide chlorhydrique en excès et le minium rouge Pb_3O_4, oxydant. Cet oxydant oxyde H de HCl en donnant de l'eau et du chlore et en devenant PbO. Aussi la couleur rouge du minium disparaît, et le chlore se dégage pour donner $PbCl_2$ qui se dissout s'il n'est pas en trop grande quantité, auquel cas il reste uniquement le sable blanc .

2. *Les substances qui colorent le verre disparaissent généralement par oxydation. Comment se fait-il que l'on ajoute souvent de l'azotate de potassium ou du bioxyde de manganèse aux corps qui donneront le verre?*

L'azotate de potassium est un oxydant surtout à chaud (chauffé assez fortement il donne O); de même le bioxyde de manganèse MnO_2 fortement chauffé donne de l'oxygène. C'est l'oxygène ainsi produit qui réagit sur les substances qui colorent le verre et celui-ci devient incolore.

3. *Pourquoi le bioxyde de manganèse est-il appelé (savon des verriers)?*

On utilise le savon pour rendre au linge sale sa blancheur primitive, car le savon réagit sur les substances qui ont sali le linge.

On utilise le bioxyde de manganèse pour rendre incolore le verre primitivement coloré par les substances sur lesquelles réagit, par oxydation, le bioxyde de manganèse.

La comparaison de ces deux phrases conduit à l'explication demandée.

4. *En faisant bouillir longtemps avec de l'eau de petits fragments de verre, ou mieux du verre pilé, la phtaléine se colore en violet. Que faut-il en conclure?*

Le liquide a pris une réaction basique. Donc le verre s'est partiellement dissous dans l'eau. Nous devons en conclure que les silicates qui constituent le verres se sont un peu dissous dans l'eau et que leur dissolution a des propriétés basiques. Nous avons vu un exemple de ce fait à propos du carbonate de sodium et ceci a lieu pour tous les sels d'un acide faible (comme l'acide carbonique l'acide silicique) et d'une base forte (comme la soude, la potasse). — C'est l'inverse pour les sels d'un acide fort et d'une base faible : leur dissolution est acide au tournesol (exemple : sulfate de cuivre).

5. *Vous voudriez faire apparaître un dessin en relief sur un objet en verre, comment procéderiez-vous sachant que certains vernis ne sont pas attaqués par* HF?

La partie à mettre en relief est recouverte du vernis non attaqué par HF.

L'objet en verre est immergé dans la dissolution d'acide fluorhydrique qui dissout lentement le verre non protégé. On arrête l'action par lavage à l'eau quand le relief voulu (d'ailleurs toujours faible) est obtenu et on dissout le vernis appliqué dans un dissolvant approprié.

6. Quand on utilise le sulfate de sodium pour la verrerie, on le choisit exempt de fer. Pourquoi, dans la fabrication de ce sulfate, emploie-t-on des cuvettes en plomb, et pourquoi rejette-t-on le sel gemme souillé par de l'oxyde de fer?

Les composés du fer colorent le verre en vert ; il faut donc éviter leur présence. Or le sulfate de sodium SO^4Na^2 s'obtient par action de l'acide sulfurique sur le sel et, généralement, cette action se fait dans des cuvettes en fonte que l'acide sulfurique attaque, du moins légèrement, et le sulfate de fer formé s'ajoute à celui qui provient du sel gemme quand celui-ci est coloré par des composés du fer. On évitera donc le sulfate de fer en utilisant soit du sel gemme incolore. soit du sel marin, et en recouvrant intérieurement de plomb les cuvettes en fonte où se fait la première partie de la réaction (formation de bisulfate SO^4NaH).

FER — FONTES — ACIER

1. Qu'arriverait-il si l'on repassait un bédane sur une meule sans eau? Quel est alors le rôle de l'eau?

Par suite du frottement énergique du métal sur le grès, le biseau du bédane serait porté à une température telle que la trempe disparaîtrait. — L'eau a pour but de maintenir le bédane à la température ordinaire et alors il ne peut se détremper.

2. Qu'arrive-t-il quand l'émail se détache d'un ustensile de cuisine en fer émaillé?

L'émail adhérent empêchait le contact de l'air. Quand l'émail est détaché, le fer est à nu, il touche l'air humide et il rouille peu à peu. Quand tout le métal est rouillé en cet endroit, la poudre brune tombe et il y a là un trou dans l'ustensile.

3. A Longwy, on compte qu'il faut $3\,300^{kg}$ de minerai pour avoir une tonne de fonte. Quelle est la richesse du minerai : 1° en fer; 2° en oxyde Fe^2O^3?

En négligeant les 30 à 50^{kg} de carbone contenus dans la tonne de fonte, et c'est permis étant donné cette faible masse relative, nous pouvons dire $3^t,3$ de minerai donnent 1^t de fer. Ainsi la richesse du minerai en fer est $\dfrac{1}{3,3}$ soit $30\ ^0/_0$.

La formule Fe^2O^3 montre que 56×2 tonnes de fer sont contenues dans $56 \times 2 + 16 \times 3 = 160$ tonnes de sesquioxyde. Alors à une tonne de fer correspond $\dfrac{160}{56 \times 2} = \dfrac{10}{7} = 1^t,43$ environ d'oxyde contenus dans $3^t,3$ de minerai dont la richesse en oxyde est alors $\dfrac{10}{7} : 3,3$ soit $43\ ^0/_0$.

4. Quels sont les objets usuels en fonte moulée que l'on trouve dans une maison? A quoi servent-ils? Se demander pourquoi on les a fabriqués en fonte. — S'altèrent-ils à l'air? De quoi les recouvre-t-on pour leur donner un bel aspect?

Nous citerons les cuisinières, les casseroles, les poids, les plaques de cheminée. En général ils sont (sauf les poids) destinés à être fortement chauffés. Ils sont en fonte parce que cet alliage est peu altérable à l'air même à température assez élevée et parce que, la fonte étant liquide, les objets cités se fabriquent facilement par coulée. — Ils ne s'altèrent donc à l'air que difficilement. — Pour leur donner un bel aspect on les frotte avec de la plombagine (graphite très fin).

ZINC

1. Quelles propriétés physiques utiliseriez-vous pour distinguer commodément le zinc du plomb?

Il n'y a qu'à utiliser les différences de ténacité et de point de fusion. A égalité d'épaisseur, le plomb se plie et se martèle beaucoup plus commodément que le zinc. Et, sur une feuille de tôle chauffée au gaz, si les deux métaux sont placés à la même distance de la flamme pour que la température de la tôle y soit à peu près la même, il se pourra suivant cette distance : 1° ou qu'aucun des métaux ne fonde, 2° ou que le plomb fonde seul, 3° ou que le plomb fonde avant le zinc.

2. De deux lames de zinc, la plus noire est-elle la plus pure?

La plus noire est la moins pure puisque le zinc pur est d'un blanc brillant bleuté.

3. Le zinc le plus mince du commerce a $0^{mm},41$ (n° 9) d'épaisseur; le zinc dont on fait les seaux et arrosoirs a $0^{mm},69$ et $0^{mm},78$ (N° 12,13) d'épaisseur; pour les toitures, on prend des feuilles de $0^{mm},87$ (n° 14). On va jusqu'à $2^{mm},66$ d'épaisseur. Calculer la masse du mètre carré.

Une feuille de zinc d'un mètre carré de surface et de $0^{mm},41$ d'épaisseur $100 \times 0,0041^{dm^3}$ a pour volume $100 \times 0,0041 = 0,41^{dm^3}$ et pour masse $7,1 \times 0,41 = 2^{kg},911$.

Avec les épaisseurs $0^{mm},69$; $0^{mm},78$; $0^{mm},87$; $2^{mm},66$ les masses respectives du mètre carré sont $7,1 \times 0,69 = 4^{kg},899$; $7,1 \times 0,78 = 5^{kg},538$; $7,1 \times 0,87 = 6^{kg},177$ et $7,1 \times 2,66 = 18^{kg},886$.

4. La fabrication de la poudre de zinc et celle de la fleur de soufre ne se ressemblent-elles pas?

La poudre de zinc s'obtient en condensant rapidement les vapeurs de zinc liquide bouillant. — La fleur de soufre s'obtient aussi en condensant rapidement les vapeurs de soufre liquide bouillant. — Il y a donc similitude complète entre les deux fabrications.

*5. On utilise **HCl** dissous pour décaper le zinc. Qu'en conclure?*

Le zinc laissé à l'air se ternit par suite de l'action de l'oxygène, de la vapeur d'eau et du gaz carbonique de l'air, avec formation de produits grisâtres plus ou moins complexes qui se dissolvent dans **HCl**.

6. Comment se fait-il que la poudre de zinc puisse contenir des quantités notables d'oxyde de zinc?

La condensation de la vapeur de zinc se fait dans des chambres qui contiennent de l'air, du moins au début. Et la vapeur de zinc se combine à l'oxygène de cet air pour donner ZnO.

7. *Dans l'action de* SO^4H^2 *étendu sur le zinc si l'effervescence a cessé, alors qu'il reste un excès de zinc, pourquoi les premières gouttes de soude donneront-elles un précipité?*

Du fait que l'effervescence a cessé alors qu'il reste du zinc, c'est qu'il n'y a plus d'acide sulfurique. Alors il n'y a dans le liquide que du sulfate de zinc sur lequel la soude caustique agit immédiatement en donnant le précipité blanc gélatineux d'hydrate de zinc $Zn(OH)^2$.

8. *Que doit-il arriver si, après décoloration de* SO^4Cu *par* Zn, *on verse de la soude?*

La soude $NaOH$ donne avec le sulfate de cuivre dissous un précipité *bleu* d'hydrate de cuivre $Cu(OH)^2$.

Quand Zn a décoloré SO^4Cu, ce dernier est remplacé par SO^4Zn dissous qui, avec $NaOH$, donne un précipité *blanc* d'hydrate de zinc $Zn(OH)^2$, soluble dans un excès de base.

9. *Le plomb, le zinc, forment très facilement des amalgames qui sont très faciles à briser. Est-il prudent de manier du mercure (ou des sels de mercure) au-dessus de récipients en zinc ou en plomb? Quels récipients faut-il donc employer?.*

Le mercure qui tombe sur le métal cité forme avec lui un amalgame fragile. Il faut donc éviter l'emploi de récipients en zinc ou en plomb et utiliser un métal que le mercure amalgame difficilement comme le fer. Sinon on emploiera un vase en verre ou en terre.

10. *En traitant une dissolution saline par l'hydrogène sulfuré, on obtient un précipité blanc. Que faut-il en conclure, sachant que le sulfure de zinc est le seul sulfure usuel blanc?*

H^2S peut avec un sel métallique de formule AM (où M est un métal bivalent donner un précipité de sulfure métallique MS, d'après l'équation (réaction entre sels).

$$H^2S + AM = MS + AH^2.$$

La réaction n'a pas lieu quand le sulfure formé MS est soluble dans l'acide $(AH^2.)$

Comme ZnS est le seul sulfure usuel blanc, il faut en conclure que si H^2S donne un précipité blanc, c'est qu'il a agi sur un sel de zinc.

CUIVRE

1. *Le cuivre est-il élastique? — Examiner la constitution des conducteurs élec triques appelés « fils souples ». En déduire quelques propriétés physiques du cuivre*

Le cuivre n'a qu'une élasticité très faible : quand on courbe un fil de cuivre, il garde à peu près la forme qui lui a été imposée.

Les fils souples sont constitués par un ensemble de fils très fins ayant chacun par exemple $0^{mm},2$ de diamètre. Ceci prouve que le cuivre et très ductile puisqu'il s'étire en fils si fins qu'il est très flexible et qu'il est bon conducteur de l'électricité (c'est le métal usuel dont la résistivité est la plus faible).

2. *Le socle des statues présente des traînées tantôt brun-rouille, tantôt verdâtres. Que devez-vous en conclure?*

Les traînées de rouille montrent que la statue est en fonte. — Les traînées de vert de gris indiquent que la statue est en cuivre, ou plutôt en un alliage riche en cuivre.

Ces traînées montrent que l'alliage considéré est altérable à l'air humide et que la substance formée n'est pas soluble dans l'eau.

3. *La bougie est constituée surtout par de l'acide stéarique. Que remarque-t-on quand on laisse des taches de bougie sur un bougeoir en cuivre? L'action demande-t-elle un long temps?*

Au contact de la tache de bougie se forme lentement un solide verdâtre résultant de l'altération du cuivre, ou du bronze, ou du laiton.

4. *Comment expliquer la présence fréquente de vert-de-gris sur les robinets de cuivre graissés?*

Là où la graisse touche le cuivre ou l'alliage de cuivre, ce métal s'altère en produisant du vert-de-gris. Ainsi sous les rondelles de cuir graissé que présentent les robinets, on voit toujours du vert-de-gris. La graisse agit donc comme l'acide gras (bougie) qu'on en extrait.

5. *Quelle quantité de chaux vive faudrait-il employer pour décomposer entièrement* $1^{kg},500$ *de sulfate de cuivre?*

La chaux éteinte $Ca(OH)^2$ donne avec le sulfate de cuivre $SO^4Cu, 5H^2O$ la double réaction

$$Ca(OH)^2 + SO^4Cu = SO^4Ca + Cu(OH)^2.$$

Ainsi une molécule-gramme de chaux éteinte, qui a été donnée par une molécule-gramme de chaux vive CaO pesant $40 + 16 = 56^g$

$$[CaO + H^2O = Ca(OH)^2],$$

décompose une molécule-gramme de sulfate $SO^4Cu, 5H^2O$, soit

$$32 + 16 \times 4 + 64 + (1 \times 2 + 16)5 = 250^g.$$

Pour décomposer entièrement 1500^g de sulfate de cuivre cristallisé, il faut donc $\dfrac{56 \times 1500}{250} = 336^g$ de chaux vive pure.

6. *Pour obtenir la bouillie bordelaise basique, on emploie* 100^l *d'eau,* $1^{kg},500$ *de sulfate et* $0^{kg},750$ *de chaux grasse. Pourquoi le mélange est-il basique?*

D'après le problème précédent, la décomposition totale de $1^{kg},500$ de sulfate exige $0^{kg},336$ de chaux grasse (chaux sensiblement pure). Il y a donc un excès de $0,750 - 0,336 = 0^{kg},414$ de chaux grasse qui rend le mélange basique. Ce mélange est en somme constitué par un lait de chaux tenant en suspension de l'hydrate de cuivre et du sulfate de calcium.

7. *Pour obtenir de la bouillie bordelaise neutre, faut-il plus ou moins de chaux que dans le cas précédent? — En réalité on verse peu à peu le lait de chaux et on* *agite jusqu'à ce que le papier de tournesol rouge bleuisse. Ne pourrait-on employer un papier à phtaléine? Ne serait-ce pas plus visible?*

Le problème précédent nous montre que pour obtenir de la bouillie bordelaise neutre, il suffit de $0^{kg},336$ de chaux vive.

Tant qu'il reste du sulfate de cuivre, la chaux éteinte versée réagit sur lui et disparait. Le lait de chaux ne bleuit donc le tournesol rouge qu'au moment où tout le sulfate de cuivre est décomposé.

Un papier à phtaléine resterait blanc tout le temps qu'il y a encore du sulfate de cuivre à décolorer. Aussitôt qu'il y aurait un excès de chaux, le papier rougirait. Ainsi le contraste serait plus grand qu'avec le papier de tournesol rouge.

ARGENT

1. *Pourquoi, quand il est en argent, un manche de théière n'est-il pas directement soudé à la théière? Pourquoi intercale-t-on aux extrémités du manche des substances mauvaises conductrices de la chaleur?*

L'argent étant très bon conducteur de la chaleur, le liquide bouillant versé dans la théière échaufferait rapidement le manche qu'il serait bientôt impossible de tenir directement à la main. — On empêche cet échauffement en intercalant des substances mauvaises conductrices et dont l'épaisseur n'a pas besoin d'être considérable.

2. *L'argent est le meilleur conducteur de l'électricité. Pourquoi ne l'utilise-t-on généralement pas pour cet usage?*

L'argent est d'un prix beaucoup plus élevé que le cuivre.

3. *Deux cuillers ont une forme identique. L'une est faite d'un alliage blanc, l'autre d'argent. Comment pouvez-vous les distinguer l'une de l'autre?*

Immergeons-les toutes deux partiellement et simultanément dans l'eau bouillante. La cuiller en argent s'échauffe beaucoup plus vite que l'autre, et il est impossible bientôt de tenir le manche de la cuiller en argent, alors que l'autre manche peut être encore saisi.

4. *Que pensez-vous de l'argent « oxydé » des bijoutiers? Comment doit-on pouvoir procéder pour brunir l'argent?*

Puisque l'argent ne s'oxyde directement à aucune température, il ne peut être question d'oxyde d'argent ni d'argent oxydé.

Par contre l'argent se sulfure très aisément en donnant du sulfure d'argent brun ou noir suivant son épaisseur. L'argent dit « oxydé » est donc de l'argent « sulfuré ».

5. *Les objets en argent brunissent dans le gaz d'éclairage. Que peut-on en conclure?*

Le brunissement de l'argent est dû à sa sulfuration. C'est qu'en effet le gaz d'éclairage contient toujours un peu d'hydrogène sulfuré H_2S.

6. *Quels sont les azotes qui, comme l'azotate d'argent, ne donnent pas de vapeur* *rutilantes quand on les chauffe au-dessous du rouge? Quelle est la valence des métaux de ces divers azotates?*

L'azotate de sodium et l'azotate de potassium chauffés fortement donnent de l'oxygène et l'azotite correspondant.

Le sodium et le potassium sont des métaux alcalins, univalents comme l'argent.

7. *Les bromures les plus utilisés sont* **KBr**; **(NH⁴)Br**. *Cent parties d'eau froide en dissolvent respectivement* 53 *et* 78 *parties. De plus elles dissoudraient* 13 *p. de* **NO³K** *et* 200 **NO³(NH⁴)**. *Pourquoi choisit-on le bromure d'ammonium dans la préparation des plaques photographiques?*

Les cent parties d'eau froide contenant plus de bromure d'ammonium que de bromure de potassium, et celui-ci ayant une molécule-gramme plus lourde, par addition d'azotate d'argent on obtiendra donc beaucoup plus de bromure d'argent avec **(NH⁴)Br**. D'autre part, cette réaction produit l'azotate correspondant (**NH⁴** ou **K**) qu'il faut éliminer; c'est d'autant plus facile que cet azotate est soluble. Or l'azotate d'ammonium est environ 15 fois plus soluble que le nitrate de potassium.

8. *On lave dans l'eau ordinaire une feuille de papier sensible. Comment se fait-il que généralement il se produise un louche?*

Y aurait-il un louche si dans la feuille n'existaient que des produits absolument insolubles, ou si on employait de l'eau distillée?

Une feuille de papier sensible contient des sels d'argent plus ou moins sensibles à la lumière, et plus ou moins solubles dans l'eau.

La feuille étant mise dans l'eau, le sel d'argent s'y dissout et réagit en particulier sur les chlorures dissous en faible quantité, et donne du chlorure d'argent insoluble, d'où le louche blanc bleuté.

La formation de chlorure d'argent exige des chlorures dissous dans l'eau et un sel d'argent *soluble*. Donc l'eau distillée ne donne pas de louche. Et un sel d'argent insoluble ne réagit pas sur les substance dissoutes dans l'eau.

9. 1° *Une plaque photographique exposée à la lumière, puis immergée dans l'hyposulfite de sodium devient transparente.* **AgBr** *impressionné est-il soluble dans l'hyposulfite?*

2° *Y aurait-il danger de laisser la lumière agir sur une plaque qu'on* développe?

3° *Et quand la plaque baigne* dans l'hyposulfite?

1° De la première partie résulte que le bromure d'argent est soluble dans l'hyposulfite, qu'il ait ou non subi l'action de la lumière.

2° La lumière impressionne la plaque que l'on développe et le révélateur agit sur le bromure ainsi impressionné en donnant de l'argent métallique. Ainsi le cliché noircit uniformément. Il faut donc éviter soigneusement l'action de la lumière pendant le développement.

3° Si la plaque baigne dans l'hyposulfite, celui-ci dissout le bromure qu'il ait ou non subi l'action de la lumière. Et comme il n'y a pas de révélateur pour libérer l'argent du bromure impressionné, le cliché ne noircira pas. On peut donc porter à lumière les plaques qui baignent dans l'hyposulfite, à condition que le révélateur n'imprègne plus la gélatine.

OR

1. *Que feriez-vous si un bijou en or tombait dans du mercure?*

Le métal s'amalgame. Mais en chauffant dans la flamme du gaz, le mercure se vaporise. — Mais le bijou est un alliage d'or et de cuivre; ce dernier s'oxyde et la surface du métal est plus ou moins noire. On dissout l'oxyde de cuivre en plongeant quelques instants le bijou dans l'acide azotique étendu. Le métal est alors jaune et mat; il n'y a plus qu'à le polir.

2. *Au Transvaal, une tonne de minerai contiendrait 18^g d'or, et on en extrait 15^g,6 environ. L'or extrait de 1886 à 1889 aurait la forme d'une pyramide à base carrée de 2^m,50 de coté et de 14^m,4 de hauteur. A quelle quantité de minerai cela correspond-il?*

Cette pyramide a pour volume $1/3 \times (2,5)^2 \times 14,4$ mètres cubes et pour masse $19,3 \times \dfrac{(2,5)^2 \times 14.4}{3} = 579$ tonnes.

Pour obtenir 15,6 tonnes d'or il faut traiter un million de tonnes de minerai. Alors on a traité $\dfrac{579}{15,6}$ soit environ 37 millions de tonnes de minerai.

3. *Quels alliages prendriez-vous pour souder : 1° deux morceaux d'or; 2° deux morceaux d'argent (généralement les soudures pour or et argent contiennent du cuivre).*

Il y a intérêt à choisir un alliage fusible, aussi peu coûteux que possible, ayant la couleur des métaux à réunir. Reportons-nous alors aux graphiques relatifs aux alliages des métaux précieux.

Pour souder deux morceaux d'or, nous choisirons l'alliage jaune d'argent et de cuivre fondant à une température inférieure à la température des alliages à souder (voir en particulier les points J) Aussi nous prendrons l'alliage à 20 $^0/_0$ de cuivre et 80 $^0/_0$ d'or fondant vers 875° (point le plus bas de la courbe).

Pour souder deux morceaux d'argent, nous choisirons l'alliage à 25 $^0/_0$ de cuivre et 75 $^0/_0$ d'argent, puisque cet alliage est blanc et présente le point de fusion le plus bas, environ 780°.

TROISIÈME ANNÉE

LES SUBSTANCES ORGANIQUES

1. *L'extérieur de la pomme de terre est-il identique à l'intérieur? En quoi en diffère-t-il en particulier? L'analyse immédiate d'une pomme de terre entière serait-elle plus difficile que l'analyse immédiate que nous venons de faire? Pourquoi?*

La pomme de terre est recouverte d'une sorte de pellicule dont la couleur diffère de celle de l'intérieur. Cette portion externe n'a donc pas la même constitution que la partie interne, et alors l'analyse immédiate en est encore plus compliquée.

2. *Fait-on l'analyse immédiate d'une substance organique? Pourquoi?*

Une substance organique est une espèce chimique; on en fait donc l'analyse élémentaire et non l'analyse immédiate.

3. *Des substances que nous venons d'énumérer (* **C, CO, CO^2**, *carbonates) desquelles peuvent être produites par des êtres organisés (songer à la respiration des êtres vivants, à l'œuf des oiseaux)?*

La respiration produit du gaz **CO^2**; quant à la coquille des oiseaux et au squelette des vertébrés, ils contiennent du calcaire **CO^{3}Ca**.

4. *Le pain est-il formé de substances organiques? Comment le prouver?*

Quand on grille du pain, il répand une odeur analogue à celle de la corne brûlée, puis il noircit et donne finalement du charbon. Le pain est donc formé de substances organiques dont l'une au moins est azotée.

D'ailleurs pour faire du pain on part de la farine et l'analyse immédiate nous apprendra à en isoler l'amidon et le gluten.

5. *Même question pour le blanc d'œuf.*

Quand on faire cuire des œufs à la graisse, si l'on chauffe trop fort, le blanc d'œuf coagulé noircit en répandant une odeur de corne brûlée, et se carbonise.

Dans le blanc d'œuf il y a sûrement une substance organique azotée.

6. *Établir la liste des aliments les plus répandus et les ranger en deux groupes : aliments minéraux, aliments organiques.*

Aliments minéraux : eau et sel marin.

Aliments organiques : graisses (suif, beurre, saindoux), huiles (arachide, olive), pain (amidon et gluten), viande, légumes, lait, œufs.

CONSTITUTION DES SUBSTANCES ORGANIQUES

1. *On a oxydé complètement par l'oxyde de cuivre $0^g,32$ de naphtaline de formule $C^{10}H^8$. Déterminer l'augmentation de masse des tubes à ponce sulfurique et à potasse.* $O = 16$, $H = 1$, $C = 12$.

Dans l'oxydation complète d'une molécule-centigramme $C^{10}H^8$ soit $12 \times 10 + 1 \times 8 = 128^{cg}$ de naphtaline : 1° les 10 atomes de C donnent 10 molécules-centigramme de gaz carbonique CO^2, qui pèsent $(12 + 16 \times 2)10 = 440^{cg}$ et qui sont absorbés par la potasse; 2° les 8 atomes de H donnent 4 molécules-centigramme de vapeur d'eau, H^2O, qui pèsent $(1 \times 2 + 16)4 = 72^{cg}$ et qui sont absorbés par la ponce sulfurique.

Alors l'oxydation complète de 32^{cg} de naphtaline donnera : 1° $\dfrac{440 \times 32}{128} = 110^{cg}$ de CO^2, ce qui représente l'augmentation de masse des tubes à potasse et 2° $\dfrac{72 \times 32}{128} = 18^{cg}$ de vapeur d'eau, ce dont augmentera la masse des tubes à ponce sulfurique.

2. *Le glucose a pour formule $C^6H^{12}O^6$. On chauffe $0^g,180$ de glucose avec une quantité suffisante d'oxyde de cuivre. Quelle sera l'augmentation de masse des tubes à ponce sulfurique et à potasse caustique?*

L'augmentation de masse des tubes à ponce sulfurique et à potasse est due respectivement à H^2O et à CO^2.

Si l'oxyde CuO oxyde complètement une molécule-milligramme de glucose soit $12 \times 6 + 1 \times 12 + 16 \times 6 = 30 \times 6$ milligrammes (Un examen rapide nous montre que tous les nombres qu'on va obtenir sont divisibles par 6) 1° les 6 atomes de C donnent 6 molécules-milligrammes de gaz carbonique CO^2 qui pèsent $(12 + 16 \times 2)6 = 44 \times 6$ milligrammes; 2° les 12 atomes de H donnent 6 molécules-milligrammes de vapeur d'eau H^2O qui pèsent $(1 \times 2 + 16)6 = 18 \times 6$ milligrammes.

Alors dans l'oxydation complète de 180^{mg} de glucose, la masse des tubes : 1° à potasse augmentera de $\dfrac{44 \times 6 \times 180}{30 \times 6} = 264^{mg}$; 2° à ponce sulfurique croîtra de $\dfrac{18 \times 6 \times 180}{30 \times 6} = 108^{mg}$.

3. *Réaliser la combustion incomplète de cheveux, de laine, de coton, de papier, de viande, de fromage. Les odeurs qui se répandent sont-elles les mêmes? Quelles sont alors, parmi les substances indiquées, celles qui sont azotées?*

Les cheveux, la laine, la viande, le fromage répandent seuls une odeur de corne brûlée; ces substances sont donc azotées.

Quant au coton, au papier, on sentirait plutôt une odeur de caramel. Ces deux substances, en effet, ne sont pas azotées. Nous verrons qu'elles renferment uniquement C, H et O.

4. *Qu'arrive-t-il quand le lait « se sauve »? Que doit-on en conclure? Est-ce que le lait est une espèce chimique? Qu'est-ce qui le prouve?*

Le lait en arrivant sur la partie fortement chauffée du foyer se vaporise en partie et le solide qui reste brunit en répandant une odeur de corne brûlée. Ce solide renferme donc une substance azotée (caséine).

Le lait n'est pas une espèce chimique. Quand on le passe à l'écrémeuse centrifuge, on en extrait en effet de la crème qui a des propriétés particulières. Et si on abandonne le lait à lui-même, il apparaît peu à peu à la surface une couche de crème qui a des propriétés bien distinctes de la couche épaisse sous-jacente, même quand celle-ci n'a pas caillé.

5. *Reconnaître un tissu animal ou végétal (laine, soie, coton), lin.*

Le chauffer assez fortement pour qu'il se carbonise sans brûler (donc éviter le contact de la flamme avec les fumées qui se dégagent). Si les fumées ont une odeur de corne brûlée, il s'agit d'un tissu animal.

6. *Montrer que si, en chauffant en vase clos uniquement une substance organique, on obtient soit de l'eau, soit de l'oxyde de carbone, soit du gaz carbonique, on peut affirmer que la substance contient de l'oxygène.*

En effet, puisque le récipient ne contient *que* la substance organique (en particulier pas d'air), l'oxygène que renferment l'eau, l'oxyde de carbone ou l'anhydride carbonique, provient forcément de l'espèce chimique décomposée.

7. *Qu'arriverait-il si l'on n'était pas sûr de l'hypothèse faite au début?*

La masse totale de **C**, **H** et **N** étant inférieure à la masse de l'espèce chimique, celle-ci renferme d'autres corps simples qui peuvent ne pas être tous de l'oxygène.

8. *On a oxydé complètement par l'oxyde de cuivre $0^g,342$ de sucre pur. On a recueilli $0^g,198$ d'eau et $0^g,528$ d'anhydride carbonique.*

*1° Déterminer les masses de carbone et d'hydrogène contenues dans la substance. — 2° En déduire si la substance est oxygénée. — 3° Calculer la composition centésimale du sucre. (Le sucre contient au plus **C**, **H** et **O**.)*

La formule H^2O montre que $1 \times 2 + 16 = 18^{mg}$ d'eau renferment 2^{mg} d'hydrogène. Donc les 198^{mg} d'eau recueillis (ponce sulfurique) contiennent $\dfrac{2 \times 198}{18} = 22^{mg}$ de **H**.

De la formule CO^2 résulte que $12 + 16 \times 2 = 44^{mg}$ d'anhydride carbonique renferment 12^{mg} de carbone. Alors les 528^{mg} absorbés par la potasse contiennent $\dfrac{12 \times 528}{44} = 144^{mg}$ de **C**.

Comme $22 + 144 = 166^{mg}$, et comme le sucre pesait 342^{mg}, c'est que cette masse de substance renferme $342 - 166 = 176^{mg}$ d'oxygène puisqu'il ne s'y trouve pas de corps simples autres que **C**, **H** et **O**.

D'après la loi des proportions définies, la composition centésimale du sucre est $\dfrac{22 \times 100}{342} = 6,43\ ^0/_0$ de **H**, $\dfrac{144 \times 100}{342} = 42,11\ ^0/_0$ de **C**, et $\dfrac{176 \times 100}{342} = 51,46\ ^0/_0$ de **O**. (Pour faire ces opérations, on calcule d'abord $\dfrac{100}{342} = 0,2924$. — Vérification : $6,43 + 42,11 + 51,46 = 100$).

9. *Montrer que la combustion complète par l'oxyde de cuivre ou par l'oxygène d'une espèce chimique de formule*

$$C^a H^b; \quad C^a H^b O^c; \quad C^a H^b O^c N^d$$

est traduite par les équations respectives

$$C^a H^b : \left(2a + \frac{b}{2}\right) O = a CO^2 + \frac{b}{2} H^2O$$

$$C^a H^b O^c + \left(2a + \frac{b}{2} - c\right) O = a CO^2 + \frac{b}{2} H^2O$$

$$C^a H^b O^c N^d + \left(2a + \frac{b}{2} - c\right) O = a CO^2 + \frac{b}{2} H^2O + d N.$$

Dans la combustion complète : 1° les a atomes de **C** donnent a molécules de gaz carbonique **CO^2** qui renferment $2a$ atomes d'oxygène; 2° les b atomes de **H** donnent $\frac{b}{2}$ molécules de vapeur d'eau **H^2O** qui renferment $\frac{b}{2}$ atomes d'oxygène.

Cette oxydation complète exige donc $a + \frac{b}{2}$ atomes de **O** que l'oxyde de cuivre doit fournir, à moins que la substance n'en contienne c auquel cas **CuO** n'en doit fournir que $a + \frac{b}{2} - c$. Quant à l'azote, il se dégage à l'état de d atomes de **gaz** simple. Ainsi les équations écrites sont bien exactes.

10. *Pr. On a oxydé complètement par l'oxyde de cuivre m^g d'une espèce chimique.*

Cette oxydation a donné e^g d'eau, g^g de gaz carbonique et a^g d'azote.

*1° En déduire les masses de **H**, **C**, et **N** contenues dans les m^g de substance organique. — 2° A quelle condition cette substance est-elle oxygénée? — 3° Déterminer sa composition centésimale.*

La formule **H^2O** montre que $1 \times 2 + 16 = 18$ parties (en masse) d'eau renferment 2 parties de **H**; ainsi la masse de **H** est le $\frac{1}{9}$ de la masse de l'eau formée.

Les e^g d'eau recueillis (ponce sulfurique) contiennent $\frac{e}{9}$ grammes de **H**.

La formule **CO^2** montre que $12 + 16 \times 2 = 44$ parties d'anhydride carbonique renferment 12 parties de **C**; ainsi la masse du **C** est les $\frac{3}{11}$ de la masse du gaz carbonique formé. Les g grammes de **CO^2** recueillis (potasse) renferment $\frac{g \times 3}{11}$ grammes de **C**.

Quant à l'azote, il se dégage à l'état de gaz simple et pèse ici a^g.

Ainsi les m^g de substance renferment $\frac{e}{9}$ grammes de **H**, $\frac{g \times 3}{11}$ grammes de **C** et a grammes de **N**.

Si $\frac{e}{9} + \frac{g \times 3}{11} + a$ est inférieur à m et si d'autre part la substance ne contient pas de corps simples autres que **C**, **H**, **N** et **O**, c'est que cette substance est oxygénée, et que m^g de cette substance renferment $m - \left(\dfrac{c}{9} + \dfrac{g \times 3}{11} + a \right)$ grammes de **O**.

Pour obtenir la composition centésimale, il n'y a qu'à multiplier tous les nombres obtenus $\dfrac{e}{9}$ (**H**), $\dfrac{g \times 3}{11}$ (**C**), a(**N**) et $m - \left(\dfrac{e}{9} + \dfrac{g \times 3}{11} + a \right)$ (**O**) par $\dfrac{100}{m}$.

CARBURES D'HYDROGÈNE

1. *Comparer, au point de vue de leur nombre, les composés organiques binaires.*

Les hydrocarbures sont incomparablement plus nombreux que tous les autres. Nous ne connaissons en effet que deux composés binaires oxygénés du carbone et un seul composé binaire azoté.

2. *Quels sont les composés binaires formés par les quatre éléments* **C, H, O, N,** *que vous avez étudiés?*

Nous avons étudié : 1° l'oxyde de carbone **CO** et l'anhydride carbonique CO^2; 2° l'eau H^2O; 3° le gaz ammoniac NH^3; le bioxyde d'azote ou nitroxyle **NO** et le peroxyde d'azote ou azotyle NO^2.

3. *Comment se fait-il que le diamètre de la couronne augmente au fur et à mesure que l'expérience dure? Qu'arriverait-il si l'expérience durait longtemps?.*

Au début la soucoupe est froide et l'eau se condense contre l'extrémité de la flamme. Peu à peu la soucoupe s'échauffe par conductibilité à partir de la région de contact avec la flamme; ainsi le cercle trop chaud pour que la vapeur d'eau puisse s'y condenser a un diamètre croissant et il se peut que finalement toutes les parties de la soucoupe soient à une température trop élevée pour que la vapeur d'eau puisse s'y condenser.

4. *Sur le gaz qui brûle on place un ballon plein d'eau et à paroi extérieure bien sèche. Décrire et expliquer les phénomènes que l'on observe.*

Le gaz en brûlant produit de la vapeur d'eau qui au début se condense abondamment sur la paroi froide en donnant bientôt des gouttelettes d'eau, qui ruissellent le long de la paroi. Mais la température du ballon s'échauffe, il arrive un moment où la vapeur d'eau produite dans la combustion ne se condense plus. Mais l'évaporation de l'eau formée a lieu, d'autant plus vivement que la température est plus haute, donc que le chauffage a duré plus longtemps. Finalement toute l'eau est évaporée et le ballon demeure sec à l'intérieur.

5. *Quand le gaz brûle bien, perçoit-on encore son odeur? Que faut-il en conclure si la combustion du gaz dégage une odeur comme cela se produit quand, sur un fourneau à gaz, on écrase la flamme avec un récipient trop large et placé trop près du brûleur?*

Comme il ne se produit que H^2O et CO^2 inodores, le gaz qui brûle bien n'a pas d'odeur. Si donc les produits de la combustion sont odorants, c'est qu'il se dégage autre chose que H^2O et CO^2; donc la combustion est incomplète,

6. Un carbure de formule C^nH^{2p} doit être brûlé sans résidu. Quel est le volume d'oxygène nécessaire? Quel est le volume d'air qu'exigerait la combustion complète? Application : 44¹,8 de méthane CH^4.

Les n atomes de C fourniront n molécules de gaz CO^2 contenant $2n$ atomes d'oxygène, les $2p$ atomes de H donneront p molécules d'eau H^2O renfermant p atomes de O. S'il s'agit d'une molécule-gramme de carbure, cela fait en tout $2n + p$ atomes-grammes soit $n + \dfrac{p}{2}$ molécules-grammes d'oxygène diatomique, qui, à 0° et 1ᵃᵗᵐ, occupent $22,4 \left(n + \dfrac{p}{2} \right) = 11,2 (2n + p)$ litres. Cet oxygène est contenu dans un volume d'air environ 5 fois plus grand, qui vaut $11,2 (2n + p) 5 = 56 (2n + p)$ litres.

Le raisonnement précédent appliqué au méthane conduit à l'équation
$$CH^4 + 4O = CO^2 + 2H^2O.$$

Ainsi la combustion d'une molécule-gramme, soit 22¹,4 de méthane, exige $11,2 \times 4$ litres de O et $11,2 \times 4 \times 5$ litres d'air. La combustion de 44¹,8 de méthane demande $44,8 \times 2 = 89¹,6$ de O et $89,6 \times 5 = 448¹$ d'air.

7. Un carbure de formule C^nH^{2p} brûle en laissant tout son carbone. Quels sont les volumes d'oxygène ou d'air nécessaires à cette combustion? Application : 1ᵍ,3 de benzine C^6H^6.

Les $2p$ atomes de H brûlent seuls en donnant p molécules d'eau qui renferment p atomes de O. Ainsi cette combustion incomplète d'une molécule-gramme de carbure exige $\dfrac{p}{2}$ molécules-gramme d'oxygène diatomique, qui occupent (0°,1ᵃᵗᵐ) $22,4 \times \dfrac{p}{2} = 11,2 \times p$ litres et qui sont contenus dans $11,2 \times p \times 5 = 56p$ litres d'air.

S'il s'agit de $12 \times 6 + 1 \times 6 = 78^g$ de benzine C^6H^6, les 6H donnent $3H^2O$ qui renferment $11,2 \times 3$ litres d'oxygène contenus dans $11,2 \times 3 \times 5$ litres d'air. Et s'il s'agit de 1ᵍ,3 de benzine, la combustion incomplète demande $\dfrac{11,2 \times 3 \times 1,3}{78} = 0¹,56$ de O et $0,56 \times 5 = 2¹,80$ d'air.

8. Un carbure gazeux de formule C^nH^{2p} est mélangé à de l'oxygène. Dans quelles proportions en volumes doit-on faire le mélange pour que la combustion soit complète? Même question avec l'air. Applications : 1° 112ᶜᵐ³ de méthane CH^4; 2° 56ᶜᵐ³ d'acétylène C^2H^2.

Dans la combustion complète d'une molécule-gramme de ce carbure, les n atomes de C donnent n molécules-gramme de CO^2 qui renferment $2n$ atomes-gramme de O et les $2p$ atomes de H donnent p molécules-gramme de H^2O qui renferment p atomes-gramme de O. Cela fait en tout $2n + p$ atomes de O soit $n + \dfrac{p}{2}$ molécules d'oxygène diatomique d'où l'équation
$$C^nH^{2p} + \left(n + \dfrac{p}{2} \right) O^2 = nCO^2 + pH^2O.$$

Les molécules-gramme occupant toutes le même volume (même température et même pression), volume que nous désignons par 2, nous pouvons dire :

quand on brûle complètement 2 volumes de ce carbure *gazeux*, il faut $\left(n + \dfrac{p}{2}\right) 2 = 2n + p$ volumes d'oxygène, contenus dans $(2n + p)$ 5 litres d'air.

Dans le cas du méthane, le raisonnement précédent conduit à l'équation

$$CH^4 + 2O^2 = CO^2 + 2 H^2O.$$

Ainsi la combustion de 2 volumes de méthane exige 2×2 volumes d'oxygène (soit un volume double) et $2 \times 2 \times 5 = 2 \times 10$ volumes (soit un volume décuple d'air). Pour brûler 112^{cm^3} de méthane, il faut donc $112 \times 2 = 224^{cm^3}$ de O et $112 \times 10 = 1120^{cm^3}$ d'air.

De même l'équation de combustion complète de l'acétylène est :

$$C^2H^2 + \frac{5}{2}O^2 = 2CO^2 + H^2O$$

Donc le volume de O est les $\dfrac{5}{2}$ du volume de l'acétylène, et le volume de l'air nécessaire est les $\dfrac{5}{2} \times 5 = \dfrac{25}{2}$ du volume du carbure.

S'il s'agit de brûler 56^{cm^3} d'acétylène, il faut $56 \times \dfrac{5}{2} = 140^{cm^3}$ de O et $140 \times 5 = 700^{cm^3}$ d'air.

MÉTHANE

1. *Observer de l'eau dormante où il y a de la vase. Le dégagement des bulles est-il régulier? Dépend-il des conditions extérieures (par exemple, des perturbations qui se produisent à l'approche d'un orage)?*

Le dégagement gazeux se fait d'une façon irrégulière. Quand le baromètre baisse, les gaz se dégagent plus abondamment et cela ne doit pas nous surprendre : la pression extérieure diminuant, les gaz emprisonnés dans la vase augmentent de volume, et leur force ascensionnelle augmentant, les bulles peuvent vaincre la viscosité de la vase et se dégager.

2. *Quels doivent être les gaz principaux qui se trouvent dans les galeries des mines de houille? Pourquoi la ventilation doit-elle être très active? La teneur en oxygène est-elle différente de celle de l'air extérieur?*

Outre l'air des galeries, on doit avoir une certaine proportion de méthane provenant de la houille. Donc la teneur en oxygène est plus faible que celle de l'air extérieur. Et comme le méthane et l'air donnent des mélanges tonnants à partir d'une certaine proportion de méthane, on évite cette proportion en enlevant le méthane qui se dégage, donc en produisant une ventilation très active.

3. *Comment pourrait-on recueillir le méthane sans cuve à eau?*

Le méthane étant à peu près deux fois moins dense que l'air, on pourrait le recueillir par déplacement, dans des flacons ayant leur ouverture en bas,

4. Quel volume 1° d'oxygène, 2° d'air, faut-il pour brûler complètement un volume de méthane?

La combustion complète du méthane **CH⁴** est (1 **C** donne **CO²**; 4**H** donnent 2**H²O**)

$$CH^4 + 4\,O = CO^2 + 2H^2O \text{ ou mieux, } O \text{ étant diatomique,}$$
$$CH^4 + 2O^2 = CO^2 + 2\,H^2O.$$

Elle montre qu'une molécule-gramme de méthane se combine à deux molécules-gramme d'oxygène. Autrement dit, les molécules occupant le **même** volume dans les mêmes conditions de température et de pression, un volume de méthane se combine à deux volumes d'oxygène contenus dans dix volumes d'air.

5. On mélange 1 volume de méthane et 2 volumes d'air. Cela réalisera-t-il un mélange tonnant comparable à celui de 1 volume méthane pour 2 volumes oxygène?

Nous avons vu (problème 4) que la combustion complète d'un volume de méthane exige 10 volumes d'air. Comme on n'a mis que 2 volumes d'air, la combustion ne sera pas complète et si le mélange explose, l'explosion ne sera pas comparable à celle du mélange type (1 vol. **CH⁴** + 2 vol **O**).

*6. On mélange 1 volume de méthane et 10 volumes d'air. Comparer ce mélange tonnant type (1 vol. **CH⁴** + 2 vol. **O**). La détonation sera-t-elle aussi forte? Pourquoi?*

Nous avons vu (problème 4) que la combustion complète d'un volume de méthane exige 10 volumes d'air, car ceux-ci contiennent 2 volumes d'oxygène. Cela correspond bien au mélange tonnant type.

Mais la détonation sera moins forte car la chaleur produite sert aussi à chauffer l'azote qui n'entre pas en réaction et dont la masse est assez forte puisqu'il y a 8 volumes d'azote pour 2 volumes d'oxygène.

7. Quel volume de méthane faut-il théoriquement brûler pour élever de 100° la température de 1ᵏᵍ d'eau? Quels volumes d'oxygène et d'air cette combustion complète exige-t-elle? Quels sont les masses et volumes d'eau et de gaz carbonique formés?

L'équation de la combustion complète du méthane :

$$CH^4 + 2\,O^2 = CO^2 + 2\,H^2O + 213{,}5\ mth$$

montre qu'une molécule-gramme de méthane soit 22ˡ,4 (0°,1ᵃᵗᵐ) se combine à 22,4 × 2 litres (volume double de celui du méthane) d'oxygène en donnant 22ˡ,4 (volume égal à celui du méthane) d'anhydride carbonique qui pèsent 12 + 16 × 2 = 44ᵍ, et 1 × 2 + 16 = 18ᵍ d'eau qui occupent 18ᶜᵐ³ à l'état liquide.

Pour élever de 100° la température de 1ᵏᵍ d'eau, il faut 100 *mth.* fournies par la combustion de $\dfrac{22{,}4 \times 100}{213{,}5}$ litres de méthane. Tous les nombres précédemment indiqués doivent être multipliés par $\dfrac{100}{213{,}5} = 0{,}4684$. On a alors 10ˡ,49 de méthane; 10,49 × 2 = 20ˡ,98 d'oxygène contenus dans 20,98 × 5 = 104ˡ,9 d'air; 10ˡ,49 de gaz carbonique pesant 20ᵍ,6, et 16ᵍ,9 d'eau.

8. *Déterminer le pouvoir calorifique, c'est-à-dire le nombre de millithermies dégagées par la combustion 1° d'un gramme; 2° d'un mètre cube de méthane pris à la pression atmosphérique. Déterminer les volumes d'oxygène et d'air nécessaires à cette combustion.*

L'équation de combustion complète du méthane :

$$CH^4 + 2O^2 = CO^2 + 2H^3O \times 213,5 \; mth.$$

montre qu'une molécule-gramme de méthane soit $22^l,4$ ($0°$, 1^{atm}) et aussi $12 + 1 \times 4 = 16^g$, se combinent à deux molécules d'oxygène diatomique qui occupent $22,4 \times 2$ litres ($0°$, 1^{atm}) (volume double de celui du méthane), en dégageant $213,5 \; mth$.

Donc 1^g de méthane se combine à $\dfrac{22,4 \times 2}{16} = 2^l,8$ d'oxygène contenus dans

$2,8 \times 5 = 14^l$ d'air en dégageant $\dfrac{213,5}{16} = 13,3 \; mth$.

Et 1^{m3} de méthane se combine à $1 \times 2 = 2^{m3}$ d'oxygène contenus dans

$2 \times 5 = 10^{m3}$ d'air, en dégageant $\dfrac{213,5 \times 1\,000}{22,4} = 9\,531 \; mth$.

9. *Comment expliquez-vous un « coup de grisou »?*

Le mélange tonnant d'air et de méthane enflammé brûle avec une rapidité extrême. Le mot *coup* traduit la vitesse extrême de la réaction.

10. *Qu'arriverait-il si un mineur allumait une allumette dans un air chargé de grisou?*

Si la proportion de méthane est suffisante, le mélange tonnant réalisé s'enflammerait en produisant une catastrophe si le volume de ce mélange tonnant était considérable.

PÉTROLES

1. *Doit-on remplir complètement d'essence une lampe Pigeon ou une lampe à souder? Qu'arriverait-il, même si on ne renversait pas la lampe?*

La température s'élevant, l'essence se dilate beaucoup et par suite suinte sur la lampe. Sans doute le liquide sorti peut s'évaporer, mais si la lampe est allumée, ce liquide brûle, donc la température de la lampe s'élève notablement ; le phénomène décrit s'accentue, la flamme devient haute, l'essence intérieure peut bouillir et les vapeurs peuvent faire exploser la lampe.

2. *Pourquoi faut-il remplir les lampes à essence de jour, et loin d'une flamme?*

Les vapeurs émises par le liquide très volatil ne peuvent ainsi s'enflammer.

3. *Pourquoi faut-il se contenter d'imbiber la masse spongieuse des lampes Pigeon? S'il y avait un excès de liquide, que pourrait-il arriver en renversant la lampe? Pourquoi met-on un capuchon sur la mèche?*

Le maniement de la lampe est ainsi commode. — Et si l'on renverse la lampe le liquide maintenu dans l'éponge ne s'écoule pas. — Quant au capuchon, il s'oppose à l'évaporation rapide (odeur des lampes à essence) du liquide intérieur très volatil qui monte à l'orifice par capillarité.

4. Que faut-il faire si une lampe à essence prenait feu?

Dans le cas d'un accident de ce genre (revoir la 1re question), il faut empêcher l'air d'arriver au contact de la flamme. Pour cela on peut, soit recouvrir la lampe d'un vase renversé dont l'ouverture s'applique bien sur le plan qui supporte la lampe, soit envelopper la lampe de torchons épais, de préférence mouillés.

5. Comparer la différence de facilité d'inflammation du pétrole liquide et du pétrole imbibant une mèche. A quoi tient cette différence?

Le pétrole d'une mèche s'allume très facilement. C'est que le pétrole qui imbibe la mèche s'y trouve en petite quantité, aussi est-il commode de le porter rapidement à une température assez élevée pour qu'il donne des vapeurs qui s'enflamment.

6. Quel est le rôle de la mèche d'une lampe? Pourquoi le réservoir est-il large et peu profond?

Grâce à la mèche, le pétrole 1° n'est en contact avec l'air extérieur que sur une surface assez faible; 2° s'enflamme facilement (question précédente). Comme le pétrole y monte par capillarité, il est bon que cette ascension ne soit pas considérable et ceci a lieu avec un réservoir large et peu profond.

7. Comparer la flamme d'une lampe avec ou sans son verre. Comment expliquer la présence du carbone? Qu'en conclure au point de vue de la constitution des pétroles et de l'action de la chaleur sur eux?

Quand on enlève le verre, si la flamme était suffisamment haute, elle devient très fuligineuse : les carbures d'hydrogène du pétrole sont décomposés en donnant du carbone qui ne peut pas brûler parce que l'air arrive en quantité insuffisante.

Puisque le pétrole chauffé nous donne du carbone, nous pouvons conclure qu'il est formé par des substances organiques liquides décomposables par la chaleur.

8. Influence de la longueur de la mèche sur l'aspect de la flamme dans les lampes à pétrole et aussi dans les lampes Pigeon. Que se produit-il quand on bouche plus ou moins les passages de l'air?

Plus la mèche est haute, plus il y a de pétrole chauffé, plus la décomposition est active. Il peut alors arriver que la quantité d'air au contact de la flamme soit insuffisante, et cette flamme devient fuligineuse et rougeâtre.

Un phénomène analogue se produit quand on diminue l'accès de l'air dans la lampe : la quantité de pétrole décomposé demeure à peu près la même, du moins au début, mais l'oxygène devenant en quantité insuffisante, la combustion est incomplète, le carbone ne brûle pas totalement et la flamme est fuligineuse.

9. Qu'arriverait-il si, dans la flamme d'une lampe fonctionnant bien, on introduisait un manchon à incandescence? Comment éviter le dépôt de charbon qui se formerait de suite? Quelles doivent être alors les parties essentielles des lampes intensives à pétrole et à manchon?

Le manchon refroidit la flamme et surtout empêche le contact de l'air;

aussi le charbon en suspension dans la flamme éclairante se dépose sur le manchon qu'il noircit.

La luminosité de la lampe tient à ce que le manchon est porté à l'incandescence; il faut donc une flamme très chaude, donc un afflux d'air juste suffisant pour que la combustion des produits formés (du charbon en particulier) soit totale et rapide. Dans ces conditions, la flamme elle-même est peu éclairante et bleue. Ainsi il faut un dispositif permettant pour ainsi dire de mélanger intimement l'air et les produits carbonés avant d'en produire la combustion, d'où des appels nombreux et bien réglés, autour de la flamme et même dans la flamme si celle-ci a une certaine épaisseur.

ACÉTYLÈNE

1. *Quel est le rendement théorique en gaz d'un kilogramme de carbure? — En pratique on admet qu'un kilogramme de bon carbure doit donner* 300^l *d'acétylène.*

L'eau H^2O réagit sur le carbure de calcium C^2Ca suivant l'équation

$$C^2Ca + 2H^2O = Ca(OH^2) + C^2H^3$$

On voit que $12 \times 2 + 40 = 64^g$ de carbure pur donnent théoriquement une molécule-gramme d'acétylène soit $22^l,4$ ($0^o, 1^{atm}$). Donc $1\,000^g$ de carbure de calcium donnent théoriquement $\dfrac{22,4 \times 100}{64} = 350^l$ d'acétylène.

2. *Quel devrait être le mélange théorique de chaux et de carbone nécessaire pour obtenir une tonne de carbure? — Comparer ce mélange à celui qu'on utilise généralement : 100 parties de chaux pour 64 parties de charbon.*

La réduction de la chaux vive par le carbone a lieu suivant l'équation :
$$CaO + 3C = CO + C^2Ca$$

Donc $40 + 16 = 56^{kg}$ de chaux vive réagissent sur $12 \times 3 = 36^{kg}$ de carbone en donnant $12 \times 2 + 40 = 64^{kg}$ de carbure de calcium. Ainsi, quand on part de 100 parties de chaux vive, il faut théoriquement $\dfrac{36 \times 100}{56} = 64$ parties de carbone : c'est le mélange utilisé. Et pour obtenir $1\,000^{kg}$ de carbure, il faut théoriquement $\dfrac{56 \times 1\,000}{64} = 875^{kg}$ de chaux et $\dfrac{36 \times 1\,000}{64} = 563^{kg}$ de charbon.

3. *Combien d'eau décompose* 1^{kg} *de carbure? Quelle est la masse d'hydrate de calcium formé?*

L'eau réagit sur le carbure de calcium suivant l'équation :
$$C^2Ca + 2H^2O = Ca(OH)^2 + C^2H^2.$$

Donc il faut traiter $12 \times 2 + 40 = 64^g$ de carbure par $(1 \times 2 + 16)2 = 36^g$ d'eau et il se produit $40 + (16 + 1)2 = 74^g$ de chaux éteinte. Alors $1\,000^g$ de carbure réagissent sur $\dfrac{36 \times 1\,000}{64} = 562^g,5$ d'eau et il se forme $\dfrac{74 \times 1\,000}{64} = 1\,156^g$ d'hydrate de calcium.

4. *La tonne de carbure revient à 200ʳ. En négligeant le prix des appareils de fabrication du gaz, à quel prix revient le mètre cube d'acétylène?*

En pratique (problème 1) 1ᵏᵍ de bon carbure doit donner 300ˡ d'acétylène. Or 1ᵏᵍ de carbure revient à 0ʳ,20. Donc pour 0ʳ,20 on obtient 0ᵐ³,300 d'acétylène dont le mètre cube revient à $\dfrac{0,20}{0,3} = 0^ʳ,67$.

3. *On met du carbure de calcium : 1º dans un tube à essai fermé hermétiquement par un bon bouchon; 2º dans un tube à essai ouvert; 3º dans une large coupelle et on laisse le tout dehors, à l'air, toutefois à l'abri de la pluie. Des récipients ouverts se dégage l'odeur de l'acétylène, alors que le carbure foisonne et se réduit graduellement en une poudre gris blanc. Au bout d'un temps suffisant (qui peut se compter par semaines pour le tube ouvert) l'odeur est disparue. Expliquer les réactions successives qui se produisent, l'état final réalisé, et la différence des vitesses constatées. Pourquoi donc faut-il conserver le carbure dans des boîtes hermétiquement closes?*

L'air contient de la vapeur d'eau qui réagit peu à peu sur le carbure en donnant de l'acétylène (odeur) et de la chaux éteinte $Ca(OH)_2$. Comme la réaction se fait lentement et de l'extérieur vers l'intérieur et comme la chaux formée n'absorbe que juste l'eau nécessaire à sa transformation en chaux éteinte, on obtient finalement une poudre très fine d'un gris blanc, qui laissée suffisamment de temps à l'air donnerait du carbonate de calcium pulvérisé. — Plus le contact avec l'air qui se renouvelle est facile moins la réaction est lente. Le carbure reste donc inaltéré dans le tube clos qui ne contenait qu'une quantité infime de vapeur d'eau; il se décompose lentement dans le tube ouvert où l'air la vapeur d'eau extérieure ne pénètre que difficilement; la décomposition est plus active dans la coupelle au contact de laquelle l'air se renouvelle très facilement.

6. *Déterminer la masse d'un mètre cube d'acétylène : 1º à la pression atmosphérique; 2º à 12 atmosphères.*

De la formule C_2H_2 on déduit que $12 \times 2 + 1 \times 2 = 26^ᵍ$ d'acétylène occupent 22ˡ,4 à 0º et 1ᵃᵗᵐ. Donc 1ᵐ³ d'acétylène pèse $\dfrac{26 \times 1\,000}{22,4} = 1\,161^ᵍ$ sous la pression atmosphérique.

D'après la loi de Mariotte, 1ᵐ³ de gaz passant de 12ᵃᵗᵐ à 1ᵃᵗᵐ occupe $1 \times 12 = 12^{m3}$. Donc le mètre cube d'acétylène à 22ᵃᵗᵐ pèse $1,16 \times 12 = 13^{kᵍ},92$.

7. *Déterminer la densité par rapport à l'air de l'acétylène.*

La molécule-gramme de l'acétylène C_2H_2 pèse $(12 + 1)2 = 26^ᵍ$ et occupe 22ˡ,4 à 0º et 1ᵃᵗᵐ. Le même volume d'air pèse 29ᵍ dans les mêmes conditions. La densité de l'acétylène est $\dfrac{26}{29} = 0,89$ environ.

8. *En admettant que la masse de gaz dissous soit proportionnelle à la pres-*

sion exercée par le gaz au-dessus du dissolvant, quelle masse d'acétylène 1^l d'acétone dissout-il sous la pression de 10 atmosphères?

1^l d'acétone dissout 30^l d'acétylène sous la pression de 1^{atm} donc sous la pression de 10^{atm}, il en dissout $30 \times 10 = 300^l$ mesurés à 1^{atm}.

La formule C^2H^2 montre que $22^l,4$ d'acétylène pris à 0° et 1^{atm} pèsent $(12 + 1) 2 = 26^g$. Ces 300^l d'acétylène dissous pèsent donc $\dfrac{26 \times 300}{22,4} = 348^g$.

9. *1^l d'acétylène liquéfié représente, à 16°, 420^g d'acétylène. A quel volume de gaz cela correspond-il? Combien en donnerait, dans les conditions ordinaires, 1 litre de carbure? — Lequel est alors à préférer du carbure ou du gaz liquéfié? — Lequel est le moins dangereux à transporter? Pourquoi? — Et que pensez-vous, à ce propos, de l'acétylène dissous dans l'acétone?*

La formule C^2H^2 montre que $(12 + 1)2 = 26^g$ d'acétylène occupent à peu près $22^l,4$ dans les conditions ordinaires. Donc 420^g d'acétylène occupent $\dfrac{22,4 \times 420}{26} = 362^l$ à l'état gazeux.

Nous avons vu (problème 1) qu'un kilogramme de bon carbure donne 300^l d'acétylène. Comme sa densité est $2^l,2$, un litre de ce carbure *compact* donnerait $300 \times 2,2 = 660^l$ d'acétylène gazeux. Ainsi, à égalité de volume, le carbure solide est préférable à l'acétylène liquide. — De plus l'acétylène liquide est dangereux à manier à cause de ses propriétés explosives. Le gaz C^2H^2 dissous sous pression dans l'acétone ne présente pas cet inconvénient.

10. *L'acétylène liquide revient à environ 215^f la tonne. Est-il plus avantageux que le carbure?*

Nous avons vu au problème 9 qu'un litre d'acétylène liquéfié pèse $0^{kg},420$ et donne 362^l de gaz; donc une tonne de ce liquide donne $362 : 0,42 = 862^{m3}$ d'acétylène. D'autre part, 1^{kg} de bon carbone donne 300^l d'acétylène; ainsi une tonne de carbure qui coûte 200^f donne 300^{m3} d'acétylène.

Alors le mètre cube d'acétylène revient à $\dfrac{215}{862} = 0^f,25$ environ en partant de l'acétylène liquéfié et à $\dfrac{200}{300} = 0^f,67$ en partant du carbure.

11. *Est-il surprenant qu'on puisse rallumer une flamme d'acétylène à l'aide d'une cigarette en combustion? N'est-ce pas un inconvénient de plus dans l'emploi de l'acétylène?*

L'acétylène s'enflamme vers 480°, température bien inférieure à celle du rouge. On peut donc enflammer un jet d'acétylène en y plaçant une cigarette en combustion. C'est un inconvéneint de plus dans l'emploi de ce gaz puisqu'il faut interdire aux fumeurs l'accès des locaux où de l'acétylène peut se dégager.

12. *Quel volume d'acétylème faut-il théoriquement brûler pour élever de 100° la température de 1^{kg} d'eau? Quels volumes d'oxygène et d'air cette combustion complète exige-t-elle? Quels sont les masses et volumes d'eau et de gaz carbonique formés?*

L'équation de combustion complète de l'acétylène C^2H^2 ($2C$ donnent $2CO^2$, et $2H$ donnent H^2O) est

$$C^2H^2 + 5O = 2CO^2 + H^2O + 316 \, mth.$$

Elle montre que $22^l,4$ d'acétylène se combinent à $22^l,4 \times \frac{5}{2}$ litres d'oxygène diatomique en produisant $22^l,4 \times 2$ (volume double) de gaz carbonique qui pèsent $(12 + 16 \times 2)2 = 44 \times 2$ grammes, et $1 \times 2 + 16 = 18^g$ d'eau qui occupent 18^{cm^3} à l'état liquide; et cette combustion dégage 316 *mth*.

Pour élever de 100° la température d'un kilogramme, il faut 100 *mth*, donc il faut brûler $\frac{22,4 \times 100}{316} = 7^l,09$ d'acétylène $\left(\frac{100}{316} = 0,3164\right)$. Cette combustion exige $7,09 \times \frac{5}{2} = 17^l,72$ d'oxygène contenus dans $17,72 \times 5 = 88^l,6$ d'air; et il se forme $7,09 \times 2 = 14^l,18$ de **CO²** pesant $88 \times 0,316 = 27^g,8$ et $18 \times 0,316 = 5^g,7$ d'eau.

13. *Déterminer le pouvoir calorique, c'est-à-dire le nombre de calories dégagées par la combustion : 1º d'un gramme; 2º d'un mètre cube d'acétylène pris à la pression atmosphérique. — Déterminer les volumes d'oxygène et d'air nécessaires à ces combustions.*

Du problème précédent résulte que la combustion complète de $22^l,4$ ($0^o,1^{atm}$), soit $(12 + 1)2 = 26^g$ d'acétylène dégage 316 *mth* et exige $22,4 \times \frac{5}{2}$ litres d'oxygène.

Donc la combustion complète d'un gramme d'acétylène dégage $\frac{316}{26} = 12,15$ *mth*, et exige $22,4 \times \frac{5}{2} \times \frac{1}{26} = 2,15$ d'oxygène contenus dans $2,15 \times 5 = 10^l,75$ d'air.

La combustion complète d'un mètre cube dégage $\frac{316}{22,4} = 14,1$ *th*, et exige $\frac{5}{2} = 2^{m^3},5$ d'oxygène contenus dans $2,5 \times 5 = 12^{m^3},5$ d'air.

15. *La combustion de l'hydrogène se fait suivant l'équation*
$$2H + O = H^2O + 69 \text{ *mth*.}$$

On a réalisé $78^l,4$, d'un mélange tonnant : 1º de gaz oxhydrique ($2H + O$) : 2º de gaz oxyacétylénique ($C^2H^2 + 5O$). Comparer les quantités de chaleur dégagées. Lequel est le plus avantageux des deux chalumeaux?

L'équation de combustion complète de **H** montre que $22,4 = 11,2 \times 2$ litres d'hydrogène diatomique sont contenus dans $22,4 + 11,2 = 11,2 \times 3$ litres de gaz oxhydrique qui dégagent en brûlant 69 *mth*. Donc $78^l,4$ de ce mélange dégagent en brûlant $\frac{69 \times 78,4}{11,2 \times 3} = 161$ *mth*.

L'équation de combustion complète $C^2H^2 + 5O = 2CO^2 + H^2O + 316$ *mth* montre que $22^l,4$ d'acétylène sont contenus dans $22,4 + 11,2 \times 5 = 11,2 \times 7$ litres de gaz oxyacétylénique qui dégagent en brûlant 316 *mth*. Donc $78^l,4$ de ce mélange dégagent en brûlant $\frac{316 \times 78,4}{11,2 \times 7} = 316$ *mth*. Le chalumeau oxyacétylénique est le plus avantageux.

15. *Pourquoi faut-il, dans les générateurs à acétylène, éviter rigoureusement les rentrées d'air, les retours de flamme, les fuites?*

Cela tient à ce que l'air et l'acétylène peuvent produire des mélanges tonnants extrêmement dangereux.

16. *On fait exploser de l'acétylène pur comprimé. Quelle masse d'acétylène est nécessaire pour obtenir 1^{kg} de noir d'acétylène? Quel est le volume de l'hydrogène formé?*

La décomposition de l'acétylène se fait suivant l'équation

$$C^2H^2 - 2C + H^2.$$

Donc l'explosion de $(12 + 1)\,2$ kilogrammes d'acétylène fournit 12×2 kilogrammes de noir d'acétylène et $22^{m3},44$ d'hydrogène diatomique.

Pour obtenir 1^{kg} de ce noir, il faut décomposer $\dfrac{(12 + 1)2}{12 \times 2} = 1^{kg},083$ d'acétylène, et il se produit $\dfrac{22,4}{12 \times 2} = 0^{m3},933$ d'hydrogène.

GAZ D'ÉCLAIRAGE

1. *Citez toutes les décompositions pyrogénées effectuées en 1re et en 2me Année.*

Quand on chauffe de l'oxyde mercurique HgO ou du chlorate de potassium ClO^3K pour obtenir de l'oxygène; quand on calcine du calcaire CO^3Ca pour en extraire la chaux CaO et produire en même temps de l'anhydride carbonique CO^2; quand on chauffe du bicarbonate de sodium CO^3NaH ce qui conduit au sel Solvay CO^3Na^2 avec dégagement d'eau et de gaz carbonique; quand on chauffe du gypse $SO^4Ca, 2H^2O$ pour obtenir du plâtre $(H^2O\nearrow)$; quand on chauffe de l'azotate mercurique pour obtenir de l'oxyde de cuivre CuO (il se dégage des vapeurs rutilantes), on produit des décompositions pyrogénées.

2. *Quels sont les résultats probables de ces expériences faites : 1° sur le gaz qui sort de L, 2° sur le gaz recueilli en C. Tenir compte, pour faire ces réponses, des propriétés physiques de H^2S et NH^3.*

NH^3 est extrêmement soluble dans l'eau; il est donc totalement arrêté par l'eau du tube laveur L. Le gaz H^2S est assez peu soluble; il ne se dissout donc qu'en partie dans L, et il se peut même, surtout si on n'a pas agité le ballon contenant encore pas mal d'eau, qu'il en existe encore dans le gaz du ballon C. Ainsi la recherche de NH^3 doit se faire avant le passage du gaz en L; celle de H^2S pourrait encore avoir lieu à la sortie du tube L.

3. *Pour quelles raisons y a-t-il tant de SO^2 dans l'atmosphère des grandes villes?*

Cet SO^2 ne provient pas de la combustion du gaz d'éclairage purifié.

Mais quand on brûle de la houille, tout le soufre qu'elle renferme (pyrite, et aussi celui qui donne le H^2S du gaz d'éclairage) brûle en donnant SO^2 qui se répand dans l'atmosphère.

4. *Des plantes se portent-elles bien dans un appartement où brûle du gaz?*

Le gaz en brûlant donne du gaz carbonique CO^2, nuisible quand il se trouve en trop forte proportion dans l'air.

Le gaz renferme toujours des traces de H^2S qui, en brûlant, donne du gaz sulfureux SO^2 tout à fait nuisible aux plantes.

5. *Il reste encore des produits condensables dans le gaz livré à la consommation. Examiner une conduite de gaz assez longue et voir si les plombiers n'adoptent pas parfois des dispositifs spéciaux pour recueillir les produits condensés.*

Par-ci, par-là, on observe des tuyaux verticaux, fermés par un capuchon à vis. Les produits condensables s'y rassemblent et peuvent être ainsi enlevés assez commodément.

6. *Qu'entre-t-il dans une usine à gaz? Qu'en sort-il?*

Il entre dans l'usine du charbon de terre. Il en sort surtout du gaz d'éclairage, du coke et aussi des eaux ammonicales et du goudron.

En somme tous les produits obtenus dans la distillation sèche de la houille sont utilisés.

7. *Imaginer une expérience très simple montrant que la pression du gaz d'éclairage ne dépasse la pression atmosphérique que de quelques centimètres d'eau.*

Un tube de verre, raccordé à la conduite de gaz par un tuyau de caoutchouc assez long, est enfoncé verticalement dans un récipient contenant une profondeur d'eau d'une quinzaine de centimètres. Quand on ouvre le robinet à gaz, le niveau de l'eau descend dans le tube de verre. La distance verticale de ce niveau à la surface libre mesure l'excès, en centimètres d'eau, de la pression du gaz sur la pression extérieure.

8. *Visiter une usine à gaz. Décrivez-en, avec détails, les diverses parties.*

A décrire, suivant l'usine visitée.

9. *En tenant compte de la composition moyenne du gaz d'éclairage. (Prendre pour simplifier $50^lH + 40^lCH^4 + 8^lCO + 2^lCO^2$) calculer la densité moyenne du mélange.*

Les formules H^2, CH^4, CO, CO^2 montrent que $22^l,4$ de ces gaz pèsent respectivement $(0^o, 1^{atm})$ $1 \times 2 = 2^g$; $12 + 1 \times 4 = 16^g$; $12 + 16 = 28^g$ et $12 + 16 \times 2 = 44^g$. Les volumes indiqués pèsent donc $\dfrac{2 \times 50}{22,4} = 4^g,5$; $\dfrac{16 \times 40}{22,4} = 28^g,6$; $\dfrac{28 \times 8}{22,4} = 10^g,0$ et $\dfrac{44 \times 2}{22,4} = 3^g,9$.

Alors 100^l de gaz d'éclairage pèsent $4,5 + 28,6 + 10,0 + 3,9 = 47^g,0$.

Comme 100^l d'air pèsent 129^g, la densité moyenne est $\dfrac{47}{129} = 0,36$.

10. *En tenant compte des équations*

$$2H + O = H^2O \text{ (liquide)} + 69 \ mth.$$
$$CH^4 + 4O = CO^2 + 2H^2O + 213,5 \ mth.$$
$$CO + O = CO^2 + 68,2 \ mth.$$

déterminer le pouvoir calorifique moyen : 1° *d'un gramme;* 2° *d'un mètre cube*

(0°, 1^atm) de gaz (voir la composition du gaz, problème 9). Déterminer le volume d'oxygène puis d'air nécessaires à la combustion complète de 100^l de gaz (problème 9).

1^{m3} de gaz pèse 470^g et contient 500^l de **H**, 400^l de **CH⁴**, 80^l de **CO**, et 20^l de **CO²** qui seul ne brûle pas.

Les équations de l'énoncé montrent que la combustion : de 1° $22^l,4$ d'hydrogène diatomique exige la moitié de son volume d'oxygène diatomique et dégage 69 *mth*; 2° $22^l,4$ de méthane exige le double de son volume d'oxygène et dégage 213,5 *mth*; 3° $22^l,4$ d'oxyde de carbone exige la moitié de son volume d'oxygène et dégage 68,2 *mth*. — Pour 500^l de **H**, il faut 250^l de **O** et il se dégage

$$\frac{69 \times 500}{22,4} = 1540 \ mth;$$ pour 400^l de **CH⁴**, il faut 800^l de **O** et il se dégage

$$\frac{213,5 \times 400}{22,4} = 3811 \ mth;$$ pour 80^l de **CO**, il faut 40^l de **O** et il se dégage

$$\frac{68,2 \times 80}{22,4} = 243 \ mth.$$

La combustion d'un mètre cube de gaz dégage donc $1\,540 + 3\,811 + 243 = 5594$ *mth*. et exige $250 + 800 + 40 = 1\,090^l$ de **O** contenus dans $1\,090 \times 5 = 5\,450^l$ d'air. Donc pour brûler 100^l, de gaz il faut 109^l d'oxygène, soit 545^l d'air.

La combustion d'un gramme de gaz dégage $\dfrac{5\,594}{470} = 12$ *mth*, environ.

11. *Où avons-nous parlé, en première année, des eaux ammoniacales? A quoi servent-elles?*

On a parlé des eaux ammoniacales à propos du gaz ammoniac **NH³** qu'on en extrait et qu'on transforme fréquemment en sulfate d'ammonium **SO⁴ (NH⁴)²** en le faisant barboter dans l'acide sulfurique.

12. *Examiner et décrire un manchon à incandescence. Comment l'utilise-t-on? Quelles précautions prend-on quand on l'allume pour la première fois?*

Le manchon à incandescence en usage est constitué par une sorte de treillage blanc très fragile, qui s'écrase très aisément en donnant une fine poudre blanche terreuse formée d'oxydes de métaux rares (terres rares).

Pour le fabriquer, on enduit une sorte de tissu combustible avec les produits qui donneront les oxydes : la fabrication et la manipulation des manchons sont ainsi facilitées.

Pour mettre un manchon en usage, on y met le feu pour détruire le tissu support.

13. *Le gaz ordinaire a-t-il une odeur? Qu'arriverait-il s'il était formé uniquement de méthane, d'hydrogène et d'oxyde de carbone? Y a-t-il alors intérêt à ne pas rechercher une épuration complète?.*

Le gaz ordinaire est odorant. S'il ne renfermait que **CH⁴**, **H** et **CO**, gaz inodores, il n'aurait pas d'odeur et les fuites ne seraient décelées que tardivement par leur action physiologique néfaste (**CO** est un poison). En pénétrant avec une flamme dans un mélange d'air et de ce gaz, on ne serait pas prévenu de la possibilité d'une explosion dangereuse.

Il y a donc intérêt à laisser au gaz une certaine odeur, en n'allant pas jusqu'à l'épuration complète.

14. *Connaissant les propriétés physiologiques de ses composants, trouver celles du gaz d'éclairage.*

CH⁴, H et **CO** n'entretiennent pas la respiration. De plus **CO** est un poison du sang. Le gaz a ces propriétés, en fonction de sa composition.

15. *Examiner les différences qui existent entre la façon de brûler du **gaz** dans le fourneau ordinaire, et dans une rôtissoire à gaz?*

Dans le fourneau ordinaire, le gaz brûle avec une flamme d'un bleu pâle, non éclairante, rayonnant très mal la chaleur, mais très chaude. — Dans la rôtissoire, il faut que le gaz rayonne fortement la chaleur, aussi sa flamme est éclairante pour avoir des particules de charbon incandescentes.

16. *Comment expliquez-vous les explosions dues au gaz, dont on parle quelquefois dans les journaux?*

Le gaz se répand dans l'air d'une chambre close. Quand la proportion d'oxygène et de gaz est comprise entre certaines limites, le mélange est susceptible de brûler en un temps très court, en produisant une explosion qui peut être dangereuse si le volume du mélange est assez grand.

17. *Pourquoi recommande-t-on de fermer d'abord les robinets d'un fourneau à gaz, puis le robinet du compteur? Que pourrait-il se produire lors d'un rallumage si l'on avait suivi l'ordre inverse.*

On évite ainsi la rentrée de l'air dans les tuyaux.

Si le mélange d'air et de gaz est fait dans certaines proportions, il peut brûler avec une petite détonation (le volume du mélange tonnant ainsi réalisé est faible).

18. *Examiner ce qui se passe quand on place un récipient lisse et plein d'eau sur une flamme bleue. Expliquer.*

La paroi extérieure se recouvre d'une buée qui augmente; puis les gouttelettes d'eau se rassemblent en grosses gouttes qui coulent le long de la paroi. Ceci est dû à la condensation (par l'eau froide de grande capacité calorifique) de la vapeur d'eau produite par la combustion du gaz.

La température de l'eau s'élève graduellement : l'évaporation de l'eau condensée se fait alors avec une vitesse croissante, alors que la condensation de la vapeur d'eau résultant de la combustion du gaz se fait de plus en plus mal. Ainsi, l'évaporation l'emporte sur la condensation. Bientôt la buée extérieure disparaît et comme la température de l'eau continue à monter, la vapeur d'eau de la combustion ne se condense plus sur le ballon.

19. *A quoi attribuez-vous la petite explosion qui souvent se produit quand on éteint une flamme de gaz?*

Le gaz du brûleur forme un petit mélange tonnant avec l'air qui y pénètre par diffusion. Et ce mélange détone car le gaz n'est pas encore éteint à tous les trous.

20. *Avec du gaz de bonne qualité on peut, à la partie supérieure du verre d'un bec, allumer une allumette en bois. Que peut-on en déduire?*

La température là réalisée est suffisante pour décomposer le bois et porter à la température d'inflammation les produits combustibles ainsi formés.

21. *Comment vous rendriez-vous compte du rendement en gaz d'une houille donnée, en utilisant l'appareil qui a servi à distiller la houille? — Exemple : on a chauffé 5^g de houille et on a recueilli environ 1^l de gaz. Quel serait le rendement à la tonne?*

Peser la houille à décomposer. Recueillir tous les gaz formés et mesurer leur volume à la température et à la pression ordinaire. Faire une règle de trois.

5^{kg} de houille donneraient alors 1^{m3} de gaz. Alors 1^l, soit 200 fois plus, donnerait 200^{m3} de gaz.

22. *Connaissant la masse de la houille primitive (5^g), la masse du coke (2^g,5) restant et le volume du gaz recueilli (1^l) peut-on déterminer la densité approximative du gaz? — Pourquoi obtient-on un nombre beaucoup trop fort?*

Alors 1^l de gaz pèse 5 — 2,5 = 2,^{g}5, ce qui ferait une densité de presque 2 par rapport à l'air. Ce nombre est donc beaucoup trop fort. Cela tient en particulier à ce que, dans cette distillation, il se forme des masses d'eau assez considérables.

BENZÈNE

1. *Comparer la couleur et l'odeur de la benzine pure à celle de la benzine impure.*

La benzine impure a une couleur jaune et une odeur plutôt désagréable. — La benzine pure est incolore et a une odeur plutôt agréable.

2. *On emploie la benzine, la benzine rectifiée, la benzine cristallisable. Quel est, selon vous, l'ordre de pureté de ces liquides? A quoi fait allusion le mot rectifiée? Comment expliquez-vous qu'on purifie la benzine rectifiée par cristallisation?*

L'ordre de pureté croissante est précisément l'ordre indiqué.
La benzine rectifiée se rapproche déjà de la benzine pure.
Comme le benzène a la propriété de se congeler à une température qui n'est pas très basse, en refroidissant suffisamment (et pas exagérément : de la glace suffit amplement) de la benzine rectifiée, le benzène se congèle. On fait écouler le liquide qui subsiste et en faisant fondre le solide qui reste, on obtient du benzène à peu près pur (recommencer cette cristallisation fractionnée pour augmenter le degré de pureté).

3. *La benzine doit-elle être un liquide volatil? Pourquoi? Connaissez-vous des corps ayant une odeur très nette, et qui pourtant bouillent difficilement?*

La benzine a une odeur très nette, très perceptible à la température ordinaire. Donc sa tension maximum de vapeur doit être alors assez grande, et, par suite sa température d'ébullition ne doit pas être très élevée; ce sont les caractères d'un liquide volatil.
Ce qui précède n'est pas nécessaire. Ainsi la naphtaline solide a une odeur très nette et elle bout à une température assez élevée.

4. *Est-il surprenant que les physiciens utilisent la benzine bouillante (pression de 76^{cm}) pour obtenir une température constante?*

Sous une pression donnée, tant que la benzine bout, sa température demeure fixe. Alors, le benzène permet d'obtenir une température fixe notablement inférieure à 100° (eau).

5. *Quand on veut enlever une tache, on essaie d'abord l'eau, puis l'eau de savon puis la benzine. Donner des exemples, et trouver la raison de l'ordre choisi.*

De nombreuses substances sont solubles dans l'eau (sucre, sel) qui n'altère pas beaucoup de tissus. Les substances grasses, insolubles dans l'eau, sont transformées en composés solubles par l'eau de savon. La benzine dissout elle aussi les graisses, et fréquemment, n'a pas d'action ni sur les tissus de soie ni sur les couleurs qui les teignent alors qu'il peut ne pas en être de même ni de l'eau, ni de l'eau de savon.

6. *Prouver que la benzine C^6H^6 a la même composition centésimale que l'acétylène C^2H^2.*

La molécule-gramme de la benzine est $(12 + 1)$ 6 grammes; donc $(12 + 1) \times 6$ grammes de benzine contiennent 12×6 grammes de carbone et 1×6 grammes d'hydrogène. Ainsi en divisant tous ces nombres par le diviseur commun 6, on arrive à dire que $12 + 1$ grammes de benzine renferment 12^g de carbone et 1^g d'hydrogène.

Un raisonnement identique s'applique à l'acétylène.

Donc les compositions centésimales sont identiques.

7. *Montrer que la vapeur de benzine a pour densité 2,7.*

La molécule-gramme de la benzine $(12 + 1) 6 = 78^g$ représente la masse de $22^l,4$ de vapeur de benzine supposée à 0° et 1^{atm}. Le même volume d'air pris à 0° et 1^{atm} pèse 29^g. La densité cherchée est $\dfrac{78}{29} = 2,7$ environ.

8. *Montrer que la vapeur de benzine est trois fois plus dense que l'acétylène.*

Les molécules-grammes respectives de la benzine C^6H^6 et de l'acétylène C^2H^2 sont $(12 + 1)$ 6 et $(12 + 1)$ 2 grammes. Comme on obtient la densité en divisant la molécule-gramme par 29, la densité de la benzine est $6 : 2 = 3$ fois plus grande que celle de l'acétylène.

9. *La colle liquide, la colle de pâte ou d'amidon moisissent facilement. Qu'y ajouteriez-vous pour les rendre inaltérables?.*

Un peu d'acide phénique qui se dissout dans l'eau utilisée pour fabriquer la colle.

ESSENCE DE TÉRÉBENTHINE

1. *Expliquez le fonctionnement des récipients florentins.*

L'essence est moins dense que l'eau à laquelle elle ne se mélange pas. Donc les liquides de la distillation se superposent par ordre de densité, l'eau en bas, celle-ci se condensant aussi en plus grande quantité que l'essence. Comme le coude du tube latéral est plus bas que l'ouverture, il arrive un moment où l'eau l'atteint et ainsi par le long tube latéral s'écoule uniquement de l'eau. A partir de ce moment, le volume de l'essence croît dans le récipient.

2. *En quoi diffèrent les récipients florentins de la figure 22?*

Avec le récipient de gauche, il faut changer de récipient quand l'essence atteint l'ouverture du flacon.

Avec le récipient de droite, le trop-plein d'essence s'écoule par la tubulure supérieure gauche et le même vase peut servir indéfiniment à séparer les deux liquides.

3. *Comment reconnaîtriez-vous un vernis à l'alcool d'un vernis à l'essence?*

En mettre un peu sur du papier et sentir l'odeur des vapeurs qui se forment.

4. *Pourquoi l'essence pure agitée avec de l'eau se sépare-t-elle rapidement, l'eau reprenant sa limpidité? Que peut-on conclure quand l'eau reste laiteuse?*

L'essence est moins dense que l'eau et ne s'y mélange pas.

Si l'eau devient laiteuse, c'est que l'essence contient d'autres substances; elle n'est pas pure.

5. *Comment feriez-vous pour empêcher l'essence de brûler avec une flamme fuligineuse?*

On augmenterait l'arrivée de l'air soit en soufflant convenablement sur la flamme, soit en utilisant un dispositif analogue à celui des lampes à pétrole.

6. *Quand l'essence s'enflamme, faut-il chercher à l'éteindre en soufflant?*

Si le courant d'air n'est pas assez violent pour refroidir la flamme au point d'empêcher la combustion, il produira l'effet contraire en activant la combustion.

Il y a donc lieu d'empêcher l'accès de l'air en utilisant par exemple des chiffons, surtout mouillés.

7. *Pourrait-on utiliser en peinture l'essence de térébenthine si elle ne s'évaporait pas ou ne se transformait pas à l'air?*

Ce ne serait pas possible puisqu'alors la peinture demeurerait fluide.

5. *Comment se fait-il que l'on voie sur les pins et sapins des gouttelettes jaunes plus ou moins souples? Le restent-elles indéfiniment? Que deviennent-elles? A quoi cela tient-il?*

Là où l'écorce est abîmée et aussi là où on a coupé des branches, il s'écoule un liquide jaune très visqueux qui se résinifie graduellement de l'extérieur vers l'intérieur. Donc plus la résinification est avancée et plus la gouttelette est dure. Quand la résinification est complète, la gouttelette est devenue solide et se brise assez facilement.

9. *Qu'arrive-t-il quand on se frotte les doigts de colophane? Pourquoi le violoniste utilise-t-il cette résine?*

Les doigts grippent l'un contre l'autre en faisant entendre un bruit particulier.

Si donc l'archet a été frotté de colophane, au lieu de glisser sur la corde, il y adhère commodément et la fait vibrer.

10. *Comment brûlent les torches de résine? Pourquoi?*

Elles brûlent avec une flamme rougeâtre fuligineuse. Cela ne nous surprend pas puisque de la résine on extrait en particulier de l'essence de térébenthine.

CAOUTCHOUC

1. A quelles propriétés fait allusion le mot « gomme élastique », qui est synonyme de caoutchouc?

La substance est très élastique, et l'on s'en sert pour enlever le crayon par frottement.

2. Les flacons de dissolution de caoutchouc doivent-ils rester ouverts? Pourquoi?

Il faut les boucher soigneusement sans quoi la benzine s'évaporerait rapidement.

3. Expliquer les phénomènes qui se passent quand on met une pièce à une chambre à air (bicyclette).

Les surfaces de caoutchouc vulcanisé à mettre en contact sont appropriées, puis enduites de la dissolution de caoutchouc. Le solvant s'évaporant, la viscosité de la solution augmente et quand la benzine est presque évaporée, on applique l'une sur l'autre les deux pièces. Il y a adhérence et cette adhérence augmente quand la benzine restante s'évapore.

4. Suivre la façon dont le caoutchouc se dissout dans la benzine. Se fait-elle comme une dissolution ordinaire?

Non. Le caoutchouc se gonfle graduellement comme si la benzine l'imprégnait peu à peu.

5. Le caoutchouc laisse-t-il passer le gaz d'éclairage? Qui le prouve?

Il le laisse passer peu à peu car un tube vieux a extérieurement une odeur nette de gaz.

6. Suivre l'action du temps sur les tissus caoutchoutés et sur les pièces en caoutchouc d'une bicyclette.

Peu à peu, le caoutchouc durcit et perd son élasticité et devient facile à déchirer.

7. Quelles recommandations fait-on pour faciliter la conservation des vêtements caoutchoutés? Quand ils sont durcis on peut les immerger dans l'eau tiède contenant 5 $^0/_0$ d'ammoniaque.

On recommande de les tenir dans un endroit frais (température) et humide. On retarde ainsi les transformations dont il est parlé dans la question précédente.

CELLULOSE

1. Le fil n° 30 est tel que 500^g ont une longueur de 30^{km}. Calculer la masse du mètre de fil.

Le mètre de ce fil pèse $\dfrac{500.000}{30.000} = \dfrac{50}{3} = 17^{mg}$ environ.

2. *L'industrie française réclame par an 250 000ᵗ de coton. A quel poids de graines et d'huile cela correspond-t-il?*

Les graines de coton pèsent le double du coton et renferment le cinquième d'huile utilisable. Les 250 000ᵗ de coton correspondent donc à 500 000ᵗ de graines qui contiennent 100 000ᵗ d'huile.

3. *Au début un morceau de bois surnage dans l'eau; il va au fond après un temps plus ou moins long. Ceci est-il en contradiction avec la densité de la cellulose? Expliquez.*

La cellulose est plus dense que l'eau; mais le bois n'est pas compact et puisqu'il surnage, c'est que sa densité moyenne est inférieure à 1. Peu à peu l'eau pénètre dans le bois et l'on ne trouve en somme que de la cellulose et de l'eau; aussi la densité moyenne devient supérieure à 1 et le bois coule peu à peu.

4. *Examinez attentivement les phénomènes physiques et chimiques qui se produisent quand on met sur un foyer un morceau de bois : 1⁰ vert; 2⁰ sec.*

Le bois chauffé se carbonise extérieurement au contact du feu en donnant de la fumée; un liquide s'écoule aux extrémités de la bûche; il se produit des gaz qui s'échappent souvent en fusant et ces gaz brûlent avec une flamme éclairante. Finalement il reste un morceau de charbon incandescent qui brûle à peu près sans flamme.

Si le bois est sec, les phénomènes sont à peu près les mêmes; toutefois il se forme moins de fumée et il ne suinte pas de liquide.

5. *Le bois est constitué essentiellement par de la cellulose. Est-elle pure? D'où peuvent provenir les cendres de bois?*

La cellulose brûlée complètement ne laisse pas de résidus (il ne se forme que CO_2 et H_2O), donc le bois n'est pas de la cellulose pure.

Les cendres de bois sont surtout des substances minérales. L'arbre a été les chercher (je ne dis pas sous la forme dans laquelle on les trouve dans la cendre) dans le sol grâce à la sève.

6. *A quoi pouvez-vous attribuer l'éclat de la flamme du papier qui brûle?*

Une flamme est éclairante quand elle contient des particules solides portées à l'incandescence. Le papier étant constitué par de la cellulose, hydrate de carbone, ces particules solides sont donc ici du charbon.

7. *On place du papier qui brûle sur une assiette blanche; comment expliquez-vous la tache brune qui se forme sur l'assiette, au-dessous du papier?*

Le papier chauffé se décompose en donnant des goudrons qui, refroidis par l'assiette, se déposent, ne brûlent pas, et donnent une tache brune.

8. *Déterminer les masses de carbone et d'hydrogène contenues dans 1ᵏᵍ de cellulose.*

La formule de la cellulose est $(C^6H^{10}O^5)^n$. En faisant $n = 1$, nous ne changeons pas les calculs puisque cela revient à diviser tous les nombres par n.

Alors $12 \times 6 + 1 \times 10 + 16 \times 5 = 162ᵍ$ de cellulose contiennent $12 \times 6ᵍ$ de carbone et $10ᵍ$ d'hydrogène. Donc $100ᵍ$ de cellulose renferment $\dfrac{12 \times 6 \times 1\,000}{162} = 444ᵍ,4$ de carbone et $\dfrac{10 \times 1\,000}{162} = 61ᵍ,7$ d'hydrogène.

9. Déterminer l'équation de combustion complète de la cellulose.

La formule de la cellulose est $(C^5H^{10}O^5)$. En faisant $n = 1$, cela revient à diviser tous les nombres par n.

Les 6 atomes de **C** donnent 6 CO^2, et les 10 atomes de **H** donnent $5H^2O$. Ceci exige en tout $2 \times 6 + 1 \times 5 = 17$ atomes d'oxygène. Comme il s'en trouve déjà 5 dans la cellulose, il faut en plus 12 atomes, soit 6 molécules d'**oxygène** diatomique d'où l'équation

$$C^6H^{10}O^5 + 6\ O^2 = 6\ CO^2 + 5\ H^2O.$$

10. Déterminer le volume d'air nécessaire pour brûler complètement 1^{kg} de cellulose. Quels sont les volumes des produits gazeux (azote compris) résultant de cette combustion et mesurés à la température ordinaire?

L'équation que nous venons d'établir (problème 9) montre que la combustion complète de $12 \times 6 + 1 \times 10 + 16 \times 5 = 162^g$ de cellulose, nécessite $22,4 \times 6$ litres d'oxygène et produit le même volume de gaz carbonique.

Pour brûler complètement 1^{kg} de cellulose, il faut $\dfrac{22,4 \times 6 \times 1\ 000}{162} = 829^l,6$ d'oxygène contenus dans $829,6 \times 5 = 4\ 148^l$ d'air. Il se dégagera donc $0^{m3},830$ environ de gaz carbonique et $4,148 - 0,830 = 3^{m3},318$ d'azote.

Nous n'avons pas parlé de l'eau car elle se trouve en vapeur à une température et une pression qui nous sont inconnues.

11. On utilise l'alcool camphré. Quelles propriétés physiques du camphre en résulte?

Le camphre est soluble dans l'alcool.

FARINE ET SES DÉRIVÉS

1. Combien 100^{kg} de blé devraient-ils donner théoriquement de farine? Quel est alors le rendement d'un bon moulin?

Puisque 100^{kg} de blé donnent environ 75^{kg} de farine, le rendement cherché est $\dfrac{75}{100} = \dfrac{3}{4}$.

2. L'hectolitre de bon blé pèse en moyenne 80^{kg}. Combien donne-t-il de farine? — Le tassement a-t-il de l'influence sur le poids?

100^{kg} de blé donnant 75^{kg} de farine, 80^{kg} en donneront $80 \times \dfrac{3}{4} = 60^{kg}$.

Le blé peut se tasser, l'intervalle entre les grains diminuant et par suite, à volume égal, son poids augmente.

3. On estime qu'il y a 18 000 grains de blé par litre, et 24 000 par kilogramme. Quels sont le volume et la masse approximative d'un grain de blé?

Volume approximatif $\dfrac{1\ 000\ 000}{18\ 000} = 55^{mm3}$ (on ne tient donc pas compte des intervalles qui séparent les grains et le nombre obtenu est trop fort);

Masse : $\dfrac{1\ 000\ 000}{24\ 000} = 42^{mg}$.

4. *Posé doucement sur l'eau, le grain de blé flotte. Mouillé, il tombe. Que peut-on en conclure? Et comment peut-on l'expliquer?*

Le grain mouillé tombe, donc sa densité moyenne est supérieure à celle de l'eau (ceci montre que le grain de blé de masse moyenne 42^{mg} doit avoir un volume inférieur à 42^{mm^3}; voir la question précédente).

Posé doucement sur l'eau, il flotte : cela tient aux petites bulles d'air adhérentes au grain. Comme le volume total de ces bulles n'est pas considérable, il faut en conclure que la densité moyenne du grain ne dépasse pas de beaucoup l'unité.

5. *Quels sont les fruits riches en amidon que vous connaissez? Pourquoi ces fruits sont-ils dit « farineux »?*

Les grains de blé, d'orge, de seigle, d'avoine qui proviennent des fruits des céréales. On peut y joindre les graines du haricot, de la fève, du pois, du maïs, et aussi la faîne (hêtre), la noisette, la noix, le gland. Comme aliments farineux provenant de fruits exotiques, citons le riz, la banane.

Tous ces aliments sont dits « farineux » parce qu'on pourrait en extraire une sorte de farine.

6. *Pourriez-vous utiliser le microscope pour reconnaître si une farine est falsifiée?*

Comme les grains d'amidon ont une forme qui varie avec leur provenance, l'examen microscopique conduirait à trouver cette provenance. Si donc on trouve deux sortes de grains d'amidon dans une farine, on est certain qu'on l'a obtenu en partant de deux végétaux différents.

7. *Pourquoi est-il bon d'ajouter du phénol à la colle d'amidon?*

Pour l'empêcher de se putréfier.

8. *Quand on jette de l'amidon en aiguille dans l'eau très chaude, par où se fera la transformation en empois? Sera-t-elle complète? — Pourquoi ne faut-il pas jeter l'amidon dans l'eau bouillante? — N'en est-il pas de même de la farine? Pourquoi?*

La transformation se fait d'abord sur la partie externe. Ainsi l'amidon central est enrobé dans une pâte d'empois d'amidon qui disparaît et aussi se laisse traverser lentement par l'eau. Aussi, au bout d'un temps même long, il restera pas mal d'amidon blanc solide non transformé en empois.

Il ne faut pas jeter l'amidon sec dans l'eau bouillante car les grains voisins les uns des autres s'agglutinent par l'empois qui se forme et l'on arrive presque au résultat du paragraphe précédent. Voilà pourquoi on réalise d'abord un lait d'amidon que l'on chauffe ensuite graduellement en l'agitant.

Ces remarques s'appliquent à la farine, mélange d'amidon et de gluten.

9. *Pourquoi, quand on veut fabriquer une sauce où entre de l'amidon ou de la farine, ou quand on fait de la colle d'amidon ou de farine y a-t-il intérêt à réaliser un lait que l'on versera graduellement dans l'eau très chaude?*

De cette façon, l'amidon est très finement divisé, et chaque petit grain, en arrivant dans le liquide très chaud, se transforme en empois sans s'agglutiner aux voisins pour donner des grumeaux.

10. *Examinez comment une blanchisseuse procède pour « empeser » le linge. Expliquez les raisons de la façon dont elle procède. En déduire une propriété de l'empois d'amidon.*

Le linge est plongé dans un lait d'amidon très fluide et ayant partout la même teinte car il est remué. Ce lait d'amidon imprègne le linge d'une façon à peu près uniforme. On exprime l'eau en excès et sur le linge simplement humide, on promène un fer chaud qui transforme l'amidon en une sorte de pellicule lisse et élastique d'empois, qui donne de la raideur au tissu.

11. *Que se produit-il quand on laisse tomber une goutte d'eau sur un plastron de chemise bien repassé?*

La goutte d'eau mouille l'empois et après évaporation de l'eau, l'empois n'est plus lisse et on a là une tache par contraste avec l'empois brillant.

12. *Comment expliquez-vous le lavage des cols, chemises, manchettes empesés?*

L'eau surtout chaude et en assez grande quantité, dissout l'empois et il ne reste plus que le tissu.

13. *De la formule de l'amidon déduire sa composition centésimale.*

Les calculs ne changeront pas si au lieu de prendre la formule $(C^6H^{10}O^5)^p$ nous écrivons $C^6H^{10}O^5$ puisque cela revient à diviser tous les nombres par p.

Une molécule-gramme $C^6H^{10}O^5$ soit $12 \times 6 + 1 \times 10 + 16 \times 5 = 162^g$ d'amidon renferme 12×6 grammes de C, 10^g de H et 16×5 grammes de O. En simplifiant, nous dirons 81^g d'amidon contiennent 36^g de C, 5^g de H et 40^g de O.

D'après la loi des proportions définies, nous obtiendrons la composition centésimale (qui se rapporte à 100^g d'amidon) en multipliant tous les nombres précédents par $\dfrac{100}{81} = 1{,}2345$ et nous obtenons $36 \times 1{,}2345 = 44{,}44\ °/°$ de C; $5 \times 1{,}2345 = 6{,}17\ °/°$ de H et $40 \times 1{,}2345 = 49{,}38\ °/°$ de O. (Vérification : la somme vaut $99{,}99$.)

14. *Quelle quantité d'oxyde cuivrique CuO est réduite dans l'analyse élémentaire d'un gramme d'amidon? Masse des produits recueillis? Volume du gaz formé?*

Nous ne changeons pas les valeurs relatives des nombres en écrivant $C^6H^{10}O^5$ au lieu de $(C^6H^{10}O^5)^p$.

L'oxydation : 1° de 6 atomes de C donne $6CO^2$ qui renferment 12 atomes de O; 2° de 10 H donne $5H^2O$ qui contiennent 5 atomes de O. Ainsi l'oxydation complète de la molécule $C^6H^{10}O^5$ exige $12 + 5$ soit $17\ O$ et comme il y a $5\ O$ dans l'amidon, il faut en plus $17 - 5$ soit $12\ O$ provenant de 12 molécules d'oxyde cuivrique.

Ainsi l'oxydation de $12 \times 6 + 1 \times 10 + 16 \times 5 = 162^g$ d'amidon exige $(64 + 16)\ 12 = 80 \times 12$ grammes d'oxyde de cuivre; produit $6CO^2$ qui occupent $22{,}4 \times 6$ litres ($0°$, 1^{atm}), avec $5H^2O$ qui pèsent $(1 + 2 + 16)\ 5 = 18 \times 5$ grammes; et il reste $12Cu$ qui pèsent 12×64 grammes.

D'après la loi des proportions définies, s'il s'agit de 1^g d'amidon, il faut $\dfrac{12 \times 80}{162} = 5^g{,}92$ d'oxyde CuO; il se forme $\dfrac{6 \times 22{,}4}{162} = 0^l{,}83$ de gaz CO^2 et $\dfrac{5 \times 18}{162} = 0^g{,}55$ d'eau liquide; il reste $\dfrac{12 \times 64}{162} = 4^g{,}74$ de cuivre.

(Après simplification, on fait apparaître dans toutes ces expressions le facteur $\frac{1}{27} = 0,0370$.)

15. *Le gluten a une grande valeur alimentaire et la soude caustique coûte assez cher. Quel est l'inconvénient de ce procédé?*

Le gluten et la soude sont détruits, ce qui fait une dépense assez grande.

16. *Pensez-vous que dans le procédé par fermentation il puisse se former des produits ammoniacaux? Pourquoi?*

Le gluten est une substance azotée qui avec la soude caustique peut donner de l'ammoniac NH^3.

17. *Le foie a un poids moyen de $1^{kg},5$. Il renferme de 5 à 10 $^0/_0$ de glycogène. Quelle est la masse de cette substance?*

Cette masse est de $1\ 000 \times \dfrac{5}{100} = 50^g$ à $1\ 000 \times \dfrac{10}{100} = 100^g$.

GLUCOSE

1. *Du glucose en masse assez finement râpé pèse $10^g,4$. On le place au-dessus d'une source de chaleur faible (éviter la fusion) et au bout de quelques heures, on constate qu'il ne pèse plus que $9^g,7$. Que peut-on conclure?*

Comme il n'y a pas eu décomposition de la substance, la perte de masse est due au départ de l'eau. Ainsi $10^g,4$ ont perdu $10,4 — 9,7 = 0^g,7$ d'eau et ce glucose contenait environ $\dfrac{0,7}{10} = 7\ ^0/_0$ d'eau.

2. *Quel glucose prendriez-vous pour bien prouver que la formation d'eau est due à la décomposition de la substance?*

On prendrait du glucose pur, donc du glucose en cristaux limpides et durs.

3. *On appelle hydrate de carbone des substances telles que l'amidon, le sucre ordinaire, à molécule-gramme élevée, contenant de l'oxygène et de l'hydrogène dans les proportions voulues pour faire de l'eau. — Montrer que le glucose est un hydrate de carbone.*

La formule $C^6H^{12}O^6$ montre que 12 atomes d'hydrogène sont unis à $6 = \dfrac{12}{2}$ atomes d'oxygène, ce qui correspond à 6 molécules d'eau. Ainsi, en mettant cette eau en évidence (bien se rappeler que nous ne faisons ici que de l'arithmétique) on peut écrire $C^6H^{12}O^6 = C^6(H^2O)^6$ et la formule ainsi transformée montre que le glucose, de molécule-gramme $12 \times 6 + 1 \times 12 + 16 \times 6 = 180^g$ est un hydrate de carbone.

4. *Déterminer la composition centésimale du glucose.*

Les calculs ne changeront pas si au lieu de la formule $C^6H^{12}O^6$ nous prenons CH^2O (nous divisons tous les exposants par 6).

Ainsi $12 : 1 : 2 : 16$ = 30^g de glucose contiennent 12^g de **C**, 2^g de **H** et 16^g de **O**.

Alors 100^g de glucose renferment $\dfrac{12 \times 100}{30}$ = $40^g,00$ de **C**; $\dfrac{2 \times 100}{30}$ = $6^g,67$ de **H**; et $\dfrac{16 \times 100}{30}$ = $53^g,33$ de **O**.

(Vérification : la somme de ces nombres vaut $100,00$).

5. *Pourquoi restreint-on au minimum les hydrates de carbone dans le régime des diabétiques? Et pourquoi leur donne-t-on du pain de gluten au lieu de pain ordinaire?*

Les hydrates de carbone sont transformés en glucose qui n'est pas assimilé puisqu'il passe directement dans les urines.

Le pain ordinaire est, somme toute, formé d'empois d'amidon et de gluten, et l'amidon seul est transformé en glucose. Donc on évite la formation de glucose si l'on mange du pain de gluten.

6. *Pourquoi faut-il laver le tube effilé après chaque prise d'essai?*

A cause de la capillarité, il reste toujours du liquide provenant de l'expérience que l'on vient de réaliser. Il est nécessaire d'enlever ce liquide par un lavage abondant à l'eau courante, sans quoi la coloration observée serait due au mélange de liquides d'expériences successives.

7. *Quelle masse de glucose peut donner théoriquement 1^{kg} d'amidon?*

La saccharification de l'amidon est résumée par l'équation

$$C^6H^{10}O^5 + H^2O = C^6H^{12}O^6$$

Donc en partant de $12 \times 6 + 1 \times 10 + 16 \times 5 = 162^{kg}$ d'amidon, on obtient $12 \times 6 + 1 \times 12 + 16 \times 6 = 180^{kg}$ de glucose.

Alors 1^{kg} d'amidon peut donner théoriquement $\dfrac{180}{162} = 1^{kg},11$ de glucose.

8. *Dans l'expérience de cours relative à la fabrication du glucose, on a employé 3^{cm3} d'acide sulfurique pesant environ $5^g,5$. Déterminer la masse minimum de carbonate de calcium nécessaire pour le neutraliser.*

L'acide sulfurique réagit sur le carbonate de calcium suivant l'équation

$$SO^4H^2 + CO^3Ca = SO^4Ca\downarrow + CO^2\nearrow + H^2O.$$

ce qui montre que $32 + 16 \times 4 + 1 \times 2 = 98^g$ d'acide sulfurique décomposent $12 + 16 \times 3 + 40 = 100^g$ de calcaire. Ainsi les masses des deux substances sont sensiblement égales.

Aussi en mettant $5^g,5$ $\left(\text{exactement } \dfrac{5,5 \times 100}{98} = 5^g,6\right)$ de carbonate de calcium en poudre, la neutralisation sera complète.

9. *Qu'arriverait-il si on évaporait la dissolution d'acide sulfurique et de glucose pour en retirer le glucose sans avoir détruit l'acide au préalable?*

On chaufferait finalement du glucose concentré avec de l'acide sulfurique qui carboniserait le glucose.

10. *Étant donné la faible solubilité de* **CO³Ca** *et de* **SO⁴Ca,** *le faible prix de* **Co³Ca,** *la marche de la réaction, montrer tous les avantages de l'emploi du carbonate de calcium. — Voir ce qui se produirait et indiquer comment l'on procéderait si l'on utilisait, pour neutraliser l'acide sulfurique* : 1° *le zinc;* — 2° *la soude;* — 3° *la chaux* **Ca(OH)²;** — 4° *le carbonate de sodium.*

Quand l'effervescence cesse alors qu'on verse du carbonate en poudre, c'est que tout l'acide sulfurique est détruit. Le carbonate de calcium en excès se dépose, puisqu'il est insoluble; et il en est de même du sulfate de calcium qui produit la réaction. Il reste donc en solution à peu près uniquement du glucose (**SO⁴Cu** est très peu soluble).

Avec le zinc il se produirait du sulfate de zinc qui se dissoudrait et, par évaporation on aurait un mélange de glucose et de sulfate de zinc.

Avec la soude il se produirait du sulfate de sodium dissous. Et si l'on a versé un excès de soude, celle-ci ferait brunir la dissolution chauffée pour l'évaporation. D'autre part, il n'y a pas effervescence et la réaction est plus difficile à suivre.

Avec la chaux il se forme bien du sulfate de calcium insoluble, mais si on a mis un excès de base, celle-ci se dissout dans la dissolution de glucose. Ici encore il n'y a pas effervescence.

Avec le carbonate de sodium, on juge que **SO⁴H²** est disparu quand l'effervescence cesse, mais il se forme du sulfate de sodium soluble.

SUCRE ORDINAIRE

1. *Déterminer approximativement la densité du sucre à l'aide d'une pile de tablettes; puis avec plus de précision en immergeant dans la benzine pour obtenir le volume. Raison de la différence entre les deux nombres obtenus.*

Une pile de tablettes à la forme d'un parallélépipède rectangle dont on mesure les dimensions et dont on calcule de volume $v^{cm³}$. On pèse la pile de tablettes d'où la masse m^g. La densité est $\dfrac{m}{v}$.

En immergeant les tablettes dans la benzine où le sucre est insoluble, on voit de nombreuses bulles de gaz s'échapper (air emprisonné dans les cristaux). Aussi le volume v' obtenu est inférieur à v et la densité $\dfrac{m}{v'}$, est supérieure à celle qu'on a obtenue géométriquement.

2. *Comment procéderiez-vous pour préparer rapidement un sirop de sucre?*

Prendre de l'eau chaude où le sucre est beaucoup plus soluble qu'à froid, et agiter constamment le liquide. Si on ne peut réaliser cette agitation, il y a intérêt à placer le sucre à la partie supérieure du liquide, le sirop étant plus dense que l'eau.

3. *Verser un sirop coloré, par exemple du sirop de grenadine, dans un verre d'eau. Suivre le phénomène qui se produit* : 1° *quand on n'agite pas le liquide;* 2° *quand on le remue.*

On voit le sirop aller au fond du verre presque sans se dissoudre (l'eau reste pour ainsi dire incolore). Au-dessus du sirop on voit se former une couche de rouge qui augmente graduellement d'épaisseur mais très lentement, l'épaisseur de l'eau incolore supérieure diminuant. Pour avoir, sans agitation, un liquide uniformément rouge il faudrait un temps extrêmement long.

Si l'on remue, le sirop se répand dans l'eau en donnant des stries qui disparaissent vite et au bout de peu de temps, on a un liquide uniformément rouge.

4. Est-il surprenant que le sucre se dissolve d'autant mieux que l'eau-de-vie contient plus d'eau?

Non, car la dissolution se fait dans l'eau et non dans l'alcool où le sucre est insoluble.

5. Quand on veut dissoudre plus rapidement du sucre dans l'eau-de-vie, on trempe d'abord le sucre dans l'eau. Pensez-vous que ce soit utile?

Le sucre se dissout facilement dans l'eau qui l'imprègne. Et, même au sein de l'alcool, le solide se trouve dans un milieu plus riche en eau que le liquide ambiant. Ainsi la dissolution est plus rapide.

6. Calculer la composition centésimale du sucre $C^{12}H^{22}O^{11}$.

La molécule-gramme du saccharose $C^{12}H^{22}O^{11}$ est $12 \times 12 + 1 \times 22 + 16 \times 11 = 342^g$. Donc (en divisant tous les nombres par 2) 171^g de sucre renferment $12 \times 6 = 72^g$ de **C**; 11^g de **H** et $8 \times 11 = 88^g$ de **O**.

La composition centésimale cherchée est donc $\dfrac{72 \times 100}{171} = 42,11 \;^0/_0$ de **C**; $\dfrac{11 \times 100}{171} = 6,43 \;^0/_0$ de **H**; et $\dfrac{88 \times 100}{171} = 51,46 \;^0/_0$ de **O**.

(Faire d'abord la division $\dfrac{100}{171} = 0,5848$. — Vérification : la somme vaut 100,00).

7. Les fruits contiennent toujours des substances acides. Comment expliquez-vous qu'en faisant des confitures avec du sucre ordinaire, il se produise pas mal de glucose?

Le saccharose est interverti au moins partiellement par les acides des fruits, et d'autant mieux que l'on chauffe.

8. Un mélange à parties égales de sucre de canne et de sucre interverti cristallise difficilement. Comment expliquez-vous que certaines confitures ne cristallisent pas? Et si les fruits sont faiblement acides?

Les substances acides des fruits ont transformé partiellement au moins le saccharose en sucre interverti; on a donc finalement un mélange (sucre + sucre interverti) difficilement cristallisable.

Mais si les fruits sont faiblement acides, il se pourra que l'intervertion soit faible; on aura donc un sirop très riche en saccharose et cristallisable.

9. Montrer pourquoi l'addition d'acide tartrique ou d'acide citrique empêche la cristallisation de confitures faites avec des fruits peu acides.

Nous nous trouvons alors dans des conditions très favorables pour accentuer l'interversion du sucre. Il n'y a plus qu'à se reporter à la question précédente.

10. *Combien l'amidon fixe-t-il d'eau pour donner du maltose?*

L'équation qui résume cette action est

$$2\,C^6H^{10}O^5 + H^2O = C^{12}H^{22}O^{11}$$

(si l'on écrivait la formule exacte $(C^6H^{10}O^5)^p$ cela reviendrait à multiplier par *p* tous les nombres obtenus).

Ainsi 2 $(12 \times 6 + 1 \times 10 + 16 \times 5) = 2 \times 162$ grammes d'amidon fixent $1 \times 2 + 16 = 18^g$ d'eau pour donner $2 \times 162 + 18 = 342^g$ de maltose. Et 100^g d'amidon fixeraient $\dfrac{18 \times 100}{2 \times 162} = 5^g{,}56$ d'eau.

L'amidon fixe 5,56 °/₀ d'eau pour se transformer en maltose.

FERMENTATION ALCOOLIQUE

1. *On dissout 60ᵍ de glucose dans 375ᵍ d'eau. On prélève 10ᶜᵐ³ de cette dissolution et on l'étend avec de l'eau à 150ᶜᵐ³. Pour décolorer 20ᶜᵐ³ de liqueur de Fehling, il a fallu 15ᶜᵐ³ de la solution étendue. — Sachant que la décoloration de 10ᶜᵐ³ de liqueur de Fehling correspond à 0ᵍ,05 de glucose, montrer que le glucose en pain utilisé renferme environ les $\dfrac{3}{4}$ de glucose pur, anhydre; — Pour faire ce calcul on admettra que le volume de la dissolution est d'environ 375 + 60 = 435ᶜᵐ³.*

20ᶜᵐ³ de liqueur de Felhing correspondent à 0ᵍ,10 de glucose pur contenu dans 15ᶜᵐ³ de solution étendue. Donc 150ᶜᵐ³ de solution étendue renferment 1ᵍ de glucose. Ainsi 10ᶜᵐ³ de la solution sucrée primitive contiennent 1ᵍ de glucose, et 435ᶜᵐ³ en renferment 43ᵍ,5. Alors 60ᵍ du glucose employé contiennent 43ᵍ,5 de glucose pur, ce qui fait une proportion de $\dfrac{43,5}{60} = 0{,}725$ $\left(\text{sensiblement } \dfrac{3}{4}\right)$.

2. *Dans 250ᵍ d'eau, on a dissous 40ᵍ de glucose précédent (problème 1). Quand la fermentation de ce liquide est terminée, on en prélève 10ᶜᵐ³ que l'on complète à 150ᶜᵐ³ avec de l'eau. Pour décolorer 20ᶜᵐ³ de Fehling il faut 108ᶜᵐ³ de la solution étendue. — Montrer qu'il est disparu environ les $\dfrac{7}{10}$ du glucose primitif.*

20ᶜᵐ³ de liqueur de Fehling correspondent à 0ᵍ,10 de glucose pur contenus dans 108ᶜᵐ³ de solution étendue, donc dans $\dfrac{108}{15}$ centimètres cubes du liquide fermenté. Alors les 250 + 40 = 290ᶜᵐ³ de liquide fermenté renferment encore $0{,}10 \times 290 : \dfrac{108}{15} = 4^g$ sensiblement de glucose pur.

D'après le problème 1, les 40ᵍ du glucose ordinaire employé contiennent $40 \times 0{,}725 = 29^g$ environ de glucose pur. La fermentation a donc fait disparaître $\dfrac{29}{4} = \dfrac{7,25}{10}$ soit environ les $\dfrac{7}{10}$ du glucose primitif.

3. Comment pourrez-vous employer le carbonate CO_3K_2 pour voir si de l'alcool est anhydre? L'expérience ne peut-elle vous renseigner sur la quantité relative d'eau contenue dans deux alcools différents?

CO_3K_2 insoluble dans l'alcool absorbe l'eau de l'alcool. Si donc au bout d'un temps assez long, ce carbonate reste solide, l'alcool est anhydre. S'il devient seulement pâteux, l'alcool contient peu d'eau. Si le carbonate pâteux est surmonté d'une solution de CO_3K_2 c'est que l'alcool contient pas mal d'eau et d'autant plus que la solution concentrée de CO_3K_2 est plus abondante. (Dans ce cas, il faut mettre beaucoup de carbonate solide.)

4. Traduire en masse l'équation théorique principale de la fermentation alcoolique.

L'équation succincte de la fermentation alcoolique :

$$C_6H_{12}O_6 \quad 2CO_2 \nearrow \quad 2C_2H_6O$$

montre que $12 \times 6 + 1 \times 12 + 16 \times 6 = 180^g$ de glucose donnent $2 (12 + 16 \times 2) = 2 \times 44$ grammes de gaz carbonique et $2 (12 \times 2 + 1 \times 6 + 16) = 2 \times 46$ grammes d'alcool.

En divisant les nombres obtenus par 4, on voit que 45^g de glucose donnent théoriquement 22^g d'anhydride carbonique et 23^g d'alcool.

5. Quand un vin pèse d degrés, cela veut dire que de 100^l de ce vin on peut extraire d'alcool pur (densité 0,8). En tenant compte du problème précédent, montrer que, pour augmenter de 1 degré la teneur en alcool d'un liquide alcoolique, il faut avant la fermentation mettre environ $1^{kg},7$ de glucose par hectolitre.

Augmenter de 1 degré la teneur en alcool, c'est dire que dans 1^{hl} du vin, il faut produire 1^l d'alcool pur pesant $0^{kg},8$.

L'équation succincte de la fermentation alcoolique :

$$C_6H_{12}O_6 - 2CO_2 \nearrow + 2C_2H_6O$$

montre que $12 \times 6 + 1 \times 12 + 16 \times 6 = 180^{kg}$ de glucose produisent $2(12 \times 2 + 1 \times 6 + 16) = 2 \times 44^{kg}$ d'alcool. Donc $0^{kg},8$ d'alcool résultent de la fermentation de $\dfrac{180 \times 0,8}{2 \times 44} = 1^{kg},57$ de glucose.

6. Un vin pèse d degrés alcooliques. Combien le moût (liquide sucré obtenu par broyage du raisin) qui l'a donné contenait-il au moins de grammes de glucose par hectolitre? Quel volume de CO_2 a-t-il donné dans la fermentation?

1^{hl} de moût n'a pas donné 1^{hl} de vin. Les nombres que nous allons obtenir seront donc trop faibles.

Cet hectolitre de vin contient d^l d'alcool. Du problème précédent (qu'il faut traiter si on ne pose que celui-ci) résulte qu'un litre d'alcool provient de la fermentation de $1^{kg},57$ de glucose. Pour produire d^l d'alcool, il faut donc faire fermenter $1,57 \times d$ kilogrammes de glucose.

L'équation succincte de la fermentation alcoolique :

$$C_6H_{12}O_6 - 2CO_2 \nearrow + 2C_2H_6O$$

montre que la fermentation de $12 \times 6 + 1 \times 12 + 16 \times 6 = 180^{kg}$ de glucose produit $2 \times 22,4$ mètres cubes $(0°, 1^{atm})$ de gaz carbonique. Il se forniera

donc ici $\dfrac{2 \times 22,4 \times 1,57 \times d}{180} = 0,39 \times d$ mètres cubes de CO_2..

7. *Montrer que plus le moût est sucré, plus le vin contient d'alcool. Un vin de degré inférieur à 7° ne peut ni voyager ni se mettre en bouteilles. Pour une conservation facile et la consommation courante, il faut au moins 8°. A partir de 10° on est assuré d'une conservation de plusieurs années. A quelles quantités de glucose cela correspond-il par hectolitre?*

Comme l'alcool résulte de la fermentation du glucose du moût, plus celui-ci est sucré, plus le vin qui en résulte est alcoolisé. Toutefois si le vin était très riche en sucre (muscat...) tout le sucre ne pourrait être transformé en alcool car la fermentation s'arrête quand la richesse en alcool atteint 16°.

Un degré alcoolique correspond à 1^l d'alcool, pesant $0^{kg},8$ dans un hectolitre de vin. L'équation succincte de la fermentation alcoolique :

$$C^6H^{12}O^6 = 2\,CO^2 \nearrow + 2\,C^2H^6O$$

montre que $2(12 \times 2 + 1 \times 6 + 16) = 2 \times 46$ grammes d'alcool résultent de la fermentation de $12 \times 6 + 1 \times 12 + 16 \times 6 = 180^g$ de glucose. Ainsi 800^g d'alcool ont été produits dans la fermentation de $\dfrac{180 \times 800}{2 \times 46} = 1\,565^g$ de glucose.

L'alcool d'un hectolitre de vin à 7° résulte donc de la fermentation de $1,565 \times 7 = 10^{kg},9$ de glucose; celui d'un vin à 8° puis à 10° provient de la fermentation de $1,565 \times 8 = 12^{kg},5$ puis de $15^{kg},6$ de glucose.

INDUSTRIE DE L'ALCOOL

1. *Le saccharose $C^{12}H^{22}O^{11}$, après avoir été interverti, est transformé en alcool. Quel est le rendement théorique en alcool du sucre de canne? En réalité 100^g de sucre de canne donnent au maximum $51^g,10$ d'alcool.*

L'interversion du saccharose se fait suivant l'équation :
$$C^{12}H^{22}O^{11} + H^2O = 2\,C^6H^{12}O^6$$
et donne 2 molécules de sucre fermentescible.

L'équation simplifiée de la fermentation alcoolique :
$$C^6H^{12}O^6 = 2\,CO^2 + 2\,C^2H^6O$$
montre que 2 molécules de sucre fermentescible fourniront 4 molécules d'alcool.

Ainsi à une molécule-gramme de saccharose $C^{12}H^{22}O^{11}$, soit $12 \times 12 + 1 \times 22 + 16 \times 11 = 342^g$ correspondent quatre molécules-grammes d'alcool pesant $(12 \times 2 + 1 \times 6 + 16) = 46 \times 4$ grammes et 100^g de saccharose donnent théoriquement $\dfrac{(46 \times 4) \times 100}{342} = 53^g,8$ d'alcool!

2. *Montrer que 100^g de saccharose correspondent à $105^g,26$ de glucose, et 100^g de glucose à 90^g d'amidon. Quels sont les rendements en alcool du glucose et de l'amidon?*

L'équation d'interversion du saccharose :
$$C^{12}H^{22}O^{11} + H^2O = 2\,C^6H^{12}O^6.$$

montre que $12 \times 12 + 1 \times 22 + 16 \times 11 = 342^g$ de saccharose donnent $2 (12 \times 6 + 1 \times 12 + 16 \times 6) = 2 \times 180$ grammes de sucre fermentescible.

Alors 100^g de saccharose en donneront $\dfrac{(2 \times 180) \times 100}{342} = 105^g,26$.

L'équation de saccharification de l'amidon :

$$C^6H^{10}O^5 + H^2O = C^6H^{12}O^6$$

montre que $12 \times 6 + 1 \times 10 + 16 \times 5 = 162^g$ d'amidon donnent 180^g de glucose; alors 100^g d'amidon donnent $\dfrac{180 \times 100}{162} = 98^g$ de glucose.

L'équation succincte de la fermentation alcoolique :

$$C^6H^{12}O^6 = 2\ CO^2 + 2\ C^2H^6O$$

indique que 180^g de glucose fournissent $2 (12 \times 2 + 1 \times 6 + 16) = 2 \times 46^g$ d'alcool.

Le rendement en masse et en alcool du glucose est donc $\dfrac{(2 \times 46) \times 100}{180} = 51,11\ ^0/_0$.

Comme 1 molécule soit 162^g d'amidon donne une molécule de glucose qui fournira 2×46 grammes d'alcool, le rendement cherché est ici $\dfrac{(2 \times 46) \times 100}{162} = 56,79\ ^0/_0$.

3. *On multiplie souvent la masse du sucre en kilogrammes par le nombre 0,6 pour avoir en litres le volume d'alcool absolu que doit fournir ce sucre en marche normale. Est-on loin du rendement théorique? La densité de l'alcool est environ 0,8.*

Les équations d'interversion du sucre, puis de la fermentation alcoolique :

$$C^{12}H^{22}O^{11} + H^2O = 2\ C^6H^{12}O^6$$
$$C^6H^{12}O^6 = 2\ CO^2 + 2\ C^2H^6O$$

montrent qu'une molécule-gramme de saccharose soit $12 \times 12 + 1 \times 22 + 16 \times 11 = 342^g$ donnent finalement 4 molécules-gramme d'alcool, soit $(12 \times 2 + 1 \times 6 + 16)\ 4 = 46 \times 4$ grammes qui occupent $\dfrac{46 \times 4}{800} = 0^l,23$.

Alors 1^{kg} de sucre donne, avec ces équations théoriques, $\dfrac{0,23 \times 1\ 000}{342} = 0^l,67$ d'alcool.

Le facteur 0,6 est presque conforme au rendement théorique.

DISTILLATION

1. *Peut-on plonger directement l'alcoomètre dans un alcool d'industrie, pour en mesurer le degré alcoolique, sachant que ces alcools sont formés presque uniquement d'eau et d'alcool?*

Puisque l'alcoomètre doit être plongé dans un mélange d'eau et d'alcool, on peut donc l'utiliser ici directement.

2. Faire un coupage, c'est mélanger deux ou plusieurs vins de manière à obtenir un liquide ayant des caractères voulus à l'avance.

1° *On mélange V litres de vin à d degrés et V' litres de vin à d' degrés. Quel est le degré D du mélange?*

2° *On a V litres de vin à d degrés. Quelle quantité V' de vin à d' degrés faut-il leur ajouter pour avoir un mélange à D degrés?*

Écrivons que le volume de l'alcool demeure constant.

1° Dans le premier vin, il y a $\dfrac{V \times d}{100}$ litres d'alcool, et dans le second $\dfrac{V' \times d'}{100}$ litres. Alors $\dfrac{V \times d + V' \times d'}{100}$ litres d'alcool sont contenus dans $V + V'$ du mélange (nous supposons donc qu'il n'y a pas de contraction appréciable, ce qui est vrai pour les vins). Si D est le degré du mélange, ce mélange contient $\dfrac{(V + V')D}{100}$ litres d'alcool. On a donc $\dfrac{V \times d + V' \times d'}{100} = \dfrac{(V + V')D}{100}$ d'où

$$D = \frac{V \times d + V' \times d'}{V + V'}.$$

2° Ici, dans l'équation, $V \times d + V' \times d' = (V + V')D$, l'inconnue est V' et l'on a $V' = V\dfrac{d - D}{D - d'}.$

Pour que V' soit positif, il faut que les deux termes de la fraction $\dfrac{d - D}{D - d'}$ soient de même signe, ce qui aura lieu si D est compris entre d et d'.

LES BOISSONS FERMENTÉES

1. Pourquoi le vin a-t-il un goût spécial quand la grappe est trop broyée, ou reste trop longtemps dans la cuve?

C'est que le tanin et les substances acides de la rafle et des pellicules passent dans le vin.

2. Pourquoi, avec le raisin rouge ordinaire, la couleur du vin n'apparaît-elle qu'au cours de la fermentation?

Cela tient à ce que la substance rouge ne se dissout bien que dans l'alcool, dont la formation se fait graduellement au cours de la fermentation.

3. Qu'arriverait-il si l'on remplissait complètement la cuve? (On la remplit aux $\dfrac{4}{5}$).

Par suite de la formation abondante de gaz carbonique dont une partie reste adhérente aux solides du moût, le volume du contenu augmenterait et la cuve déborderait. D'autre part, avec le remplissage incomplet, le liquide est surmonté d'une couche de gaz carbonique qui diminue l'accès de l'air.

4. Si l'on est obligé d'entrer dans la cuve pour fouler, n'y a-t-il pas des précautions à prendre (CO^2)? Lesquelles?

CO^2 asphyxie. Il faut donc se rendre compte si la teneur en CO^2 n'est pas trop grande. (Une bougie s'éteint dans une atmosphère trop riche en **CO²**.) Auquel cas il faudrait d'abord éliminer ce gaz par ventilation.

5. Pourquoi les bouteilles de vin mousseux sont-elles ficelées?

Le gaz carbonique formé s'accumulant dans un volume limité, **la pression** intérieure croit graduellement, et peut suffire pour chasser le **bouchon non** ficelé.

*6. Quand on est à la fin d'un tonneau on trouve sur le vin une **pellicule blanche**. Par quoi est-elle constituée?*

Par la fleur (*mycoderma vini*).

*7. Pourquoi le traitement de la maladie de la fleur consiste-il à **maintenir** les fûts pleins (outillage)?*

Parce que le mycoderma vini a besoin d'oxygène pour vivre. Si le fût est maintenu plein, il n'y a pas d'air au-dessus du liquide et la fleur ne peut se développer.

8. Que fait la richesse alcoolique d'un vin atteint de la fleur? Pourquoi devient-il plat et fade?

Cette richesse diminue, ce qui entraine la modification de la saveur. En effet, sous l'action de la fleur, la richesse en alcool diminue graduellement.

9. Pourquoi les caves froides permettent-elles la conservation du vin pendant de nombreuses années?

Les microorganismes qui produisent les maladies se développent d'autant plus difficilement que la température est plus basse.

10. Qu'entend-on par « bonne cave », « mauvaise cave»? Pourquoi une cave avec voûte en maçonnerie est-elle généralement une bonne cave?

Une cave est dite bonne quand le vin s'y conserve de nombreuses **années** sans s'altérer. Plus le vin s'altère vite, plus la cave est mauvaise. Ceci est en relation avec la température moyenne de la cave et avec sa variation : la température d'une bonne cave varie peu et sa valeur moyenne est assez basse (par exemple une dizaine de degrés). Ceci est réalisé si la cave est profonde **et** isolée thermiquement, ce qui a lieu avec une voûte en maçonnerie.

11. Pourquoi le sol des caves doit-il être tenu sec et propre?

Afin d'éviter le développement des moisissures et des germes de maladie.

12. Pourquoi faut-il entretenir une certaine ventilation dans les caves?

Cette ventilation s'oppose à l'existence d'une atmosphère humide qui favorise surtout la moisissure des tonneaux.

13. Un vin malade est généralement trouble. Pourquoi attache-t-on une grande importance à la limpidité du vin? Ce caractère est-il suffisant?

Un vin trouble est malade. On recherche donc un vin limpide. Cette condition n'est cependant pas suffisante : le vin peut rester clair quand sa maladie n'est pas trop avancée.

14. *Pourquoi le matériel vinaire doit-il être extrêmement propre?*

On évite ainsi son infection par les germes de maladie.

15. *Un tonneau qui vient d'être vidé doit être nettoyé, puis passé à l'eau bouillante (souvent avec des cristaux de soude) et méché. Expliquer le but de ces traitements.*

Le nettoyage élimine les dépôts ordinairement riches en germes de maladie. L'eau bouillante achève le nettoyage (surtout quand on y a dissous des cristaux de soude) et stérilise les douves du tonneau. Le gaz sulfureux produit dans le méchage est un antiseptique énergique.

16. *Pourquoi traite-t-on les tonneaux qui ont un goût par une solution de chlorure de chaux ou mieux de bisulfite de calcium? Pourquoi emploie-t-on aussi la chaux, la soude, la potasse quand le tonneau est aigri, piqué?*

Le chlorure de chaux qui agit comme le chlore, et lebi sulfite qui agit comme le gaz sulfureux détruisent les moisissures qui, en se développant dans les douves, donnent au tonneau son goût. Ce procédé ne peut être efficace que si la moisissure ne s'est développée qu'à la superficie du bois. Si le bois est totalement envahi par la moisissure, le traitement peut n'avoir pas d'efficacité.

Si le tonneau est aigri, ce qui est dû à l'acide acétique, il y a lieu de le traiter par l'une des bases usuelles.

17. *Que pensez-vous de l'utilisation de l'eau de mare dans les rémiages?*

Cet emploi peut être dangereux. L'eau de mare est en effet chargée non seulement de matières organiques, mais encore de microorganismes qui peuvent altérer le cidre et parfois rendre malade le consommateur (fièvre typhoïde).

18. *100^{kg} de pommes donnent environ 65^{kg} de pur jus au premier pressurage, et au 2e pressurage 40^{kg} de jus dilué correspondant à 22^{kg} de pur jus Qu'obtient-on par tonne de pommes?*

Une tonne de pommes donne donc environ 650^{kg} de pur jus au premier pressurage, puis en somme 220^{kg} au second pressurage, soit en tout $560 + 220 = 870^{kg}$.

19. *Pourquoi, pour obtenir du cidre mousseux, met-on le cidre en bouteilles aussitôt la fermentation principale ou au cours de la fermentation secondaire quand sa densité atteint environ 1,015?*

Le cidre contient encore du sucre dont la fermentation produit de l'anhydride carbonique CO_2. Ce gaz emprisonné dans la bouteille y prend une grande pression et se dissout abondamment dans le liquide qui sera mousseux quand on ouvrira le récipient.

20. *Expliquer pourquoi il faut : 1° ficeler les bouteilles de cidre mousseux; 2° les laisser debout 6 à 8 mois; puis les coucher.*

1° En raison du gaz carbonique CO_2 produit lors de la fermentation, la pression intérieure deviendrait assez grande pour faire sauter le bouchon non ficelé.

2° La pression intérieure pourrait devenir assez considérable pour que le verre soit brisé. En laissant la bouteille debout, le gaz passe, sans doute très lentement, entre le bouchon et le verre, et la pression de rupture peut ne pas être atteinte. — Quand la fermentation est terminée, il n'y a plus formation de CO_2, donc la pression intérieure ne croît plus, et l'on peut coucher les bouteilles, ce qui produit une fermeture hydraulique hermétique.

21. *Si l'on met du cidre en bouteilles quand la fermentation complémentaire se ralentit, pourquoi couche-t-on alors les bouteilles?*

La production de gaz CO_2 est insuffisante pour amener la rupture du vase. Le gaz formé se dissout alors à peu près totalement dans le cidre qu'il rend mousseux.

22. *Pourquoi est-il bon de fermer les tonneaux au moyen de bondes traversées par des tubes bourrés de coton?*

Le coton s'oppose à la chute des solides (poussières de microbes) extérieurs, et n'empêche pas la sortie du gaz carbonique produit dans la fermentation.

23. *Pourquoi est-il bon de recouvrir le cidre d'une couche d'huile?*

On évite ainsi le contact de l'air et par suite la fleur et la piqûre.

24. *Quelles maladies évite-t-on en maintenant les tonneaux pleins de cidre?*

On évite la fleur et la piqûre qui exigent l'intervention de l'oxygène de l'air.

25. 1^{hl} *d'orge pèse en moyenne* 65^{kg}. *Quel est le poids de malt sec correspondant, sachant que* 100^{kg} *d'orge donnent de 75 à* 80^{kg} *de malt sec?*

Une règle de trois simple conduit à $48^{kg},75$ à 52^{kg} de malt sec.

26. *Est-ce que le lupulin du houblon doit être soluble à froid? Alors pourquoi procède-t-on à chaud au houblonnage?*

Les essences ne sont pas solubles dans l'eau. D'autre part, il pleut assez dans les régions où pousse le houblon. Donc le lupulin ne doit pas être soluble à froid dans l'eau.

L'eau chaude n'agit pas de même et c'est pourquoi on introduit le houblon dans le moût très chaud.

27. *L'orge contient* 65 % *d'amidon. Quel volume d'alcool (densité 0,8) obtiendrait-on théoriquement en partant d'un hectolitre d'orge* (65^{kg}) *si la transformation de l'amidon était totale?*

La saccharification de l'amidon, puis la fermentation alcoolique, ont pour équations résumées

$$C^6H^{10}O^5 + H^2O = C^6H^{12}O^6$$
$$C^6H^{12}O^6 = 2CO_2 + 2C^2H^6O.$$

Ainsi une molécule-kilogramme d'amidon qui pèse $12 \times 6 + 1 \times 10 + 16 \times 5 = 162^{kg}$ donne 2 molécules-kilogrammes d'alcool pesant $(12 \times 2 + 1 \times 6 + 16) = 46 \times 2$ kilogrammes et occupant $\dfrac{46 \times 2}{0,8}$ litres.

L'hectolitre d'orge contenant $65 \times 0,65$ kilogrammes d'amidon donnera donc théoriquement $\dfrac{46 \times 2}{0,8} \times \dfrac{65 \times 0,65}{162} = 30^l$ d'alcool.

28. *Pourquoi la fermentation haute est-elle la plus anciennement connue? Quelle est la fermentation la plus coûteuse?*

La fermentation haute se produit spontanément à la température ordinaire.

La fermentation basse est de beaucoup la plus coûteuse car elle exige un matériel spécial et des quantités de glace considérables, pour empêcher la température de dépasser 8°.

PANIFICATION

1. *On pétrit à la main et on a recours aussi au pétrissage mécanique. Quels sont les avantages de ce dernier?*

Le pétrissage mécanique, plus régulier, n'exige pas une surveillance constante. Il est plus propre puisque, par exemple, le malaxeur ne sue pas comme l'ouvrier.

2. *Pourquoi le boulanger recouvre-t-il la pâte de couvertures de laine et pourquoi travaille-t-il près du four, surtout en hiver?*

La pâte subit une fermentation qui, pour se produire dans les conditions les plus favorables, exige une température déterminée (une vingtaine de degrés) que l'on cherche donc à réaliser en se plaçant dans une chambre chaude (près du four) et en s'opposant aux pertes de chaleur (couvertures de laine).

3. *Expliquez pourquoi on compte* $6^{kg},6$ *et* 3^{kg} *de pâte pour des pains de* 6^{kg} *et de* 2^{kg}.

Les rapports respectifs de ces nombres sont $\dfrac{6,6}{6} = 1,1$ et $\dfrac{3}{2} = 1,5$.

C'est qu'en effet, un pain de 2^{kg} a une surface libre relativement plus grande qu'un pain de 6^{kg} de même forme. Le départ de l'eau s'y fait donc en plus grande quantité relative, et la masse de croûte formée y est relativement plus forte.

4. *Pourquoi place-t-on les pains les plus petits près de l'ouverture du four?*

C'est là où la température est la moins élevée et le problème précédent a montré qu'à égalité de température un gros pain subit une diminution relative de masse moindre qu'un petit pain.

5. *Comment se fait-il qu'on compte* 133^{kg} *de pains de* 2^{kg} *pour* 100^{kg} *de farine?*

A 100^{kg} de farine on a ajouté environ $50 + \dfrac{50}{9} = 55^{kg},5$ d'eau. La pâte pèse donc environ 155^{kg}.

Comme elle donne 133^{kg} de pains de 2^{kg}, c'est qu'il s'est évaporé seulement $155-133 = 22^{kg}$ d'eau.

6. *Comment se fait-il qu'on compte* 100^{kg} *de blé pour* 100^{kg} *de pain?*

100^{kg} de blé donnent 75^{kg} de farine. Or la masse du pain est environ les $\dfrac{4}{3}$ de la masse de la farine (problème précédent); donc 75^{kg} de farine donnent

$$75 + \dfrac{75}{3} = 100^{kg} \text{ de pain.}$$

ALCOOL ÉTHYLIQUE

1. *Quels thermomètres emploie-t-on souvent pour déterminer les basses températures? — Ces thermomètres donnent-ils le point cent? — Pourquoi?*

Le liquide de ces thermomètres est de l'alcool (souvent coloré en rouge pour en augmenter la visibilité) qui se congèle au dessous de — 100°. — Comme, sous la pression atmosphérique, l'alcool bout à 78°, on ne peut, sous cette pression, déterminer le point 100°.

2. *Versez de l'eau de Cologne dans l'eau; qu'observez-vous? Expliquez le phénomène.*

L'eau de Cologne est une dissolution dans l'alcool assez concentré d'essences insolubles dans l'eau pure ou faiblement alcoolisée. En versant l'eau de Cologne avec précaution, elle surnage et il se produit un trouble blanc à la surface de séparation des deux liquides. En remuant le tout, on obtient un liquide laiteux, le trouble blanc étant dû aux fines gouttelettes d'essences insolubles dans l'eau.

3. *Versez sur la main un peu de teinture d'iode. Examinez ce qui se passe au bout de peu de temps. La tache brune subsiste-t-elle? Expliquez le phénomène.*

Le liquide disparaît assez vite en donnant une tache brune qui, elle, disparaît graduellement mais assez lentement.

L'alcool s'est évaporé assez rapidement et l'iode qu'il tenait en dissolution se dépose sur la main. L'iode solide se volatilise peu à peu, aussi la tache brune disparaît lentement.

4. *En désignant par n le degré alcoolique à 15° centigrades, par d la densité de liquide à 15° et par t le litre du liquide en alcool (rapport de la masse de l'alcool pur à la masse du mélange), on a le tableau suivant (Recueil des constantes physiques).*

n	5	10	15	20	25	30	35	40	45	50
d	0,9928	0,9865	0,9810	0,9759	0,9708	0,9654	0,9592	0,9520	0,9436	0,9344
t	0,040	0,080	0,121	0,163	0,205	0,247	0,290	0,334	0,379	0,425

n	55	60	65	70	75	80	85	90	95	100
d	0,9242	0,9135	0,9022	0,8903	0,8776	0,8642	0,8498	0,8341	0,8164	0,7943
t	0,473	0,522	0,572	0,625	0,679	0,735	0,794	0,857	0,924	1,000

Construire le graphique de d en fonction de n.

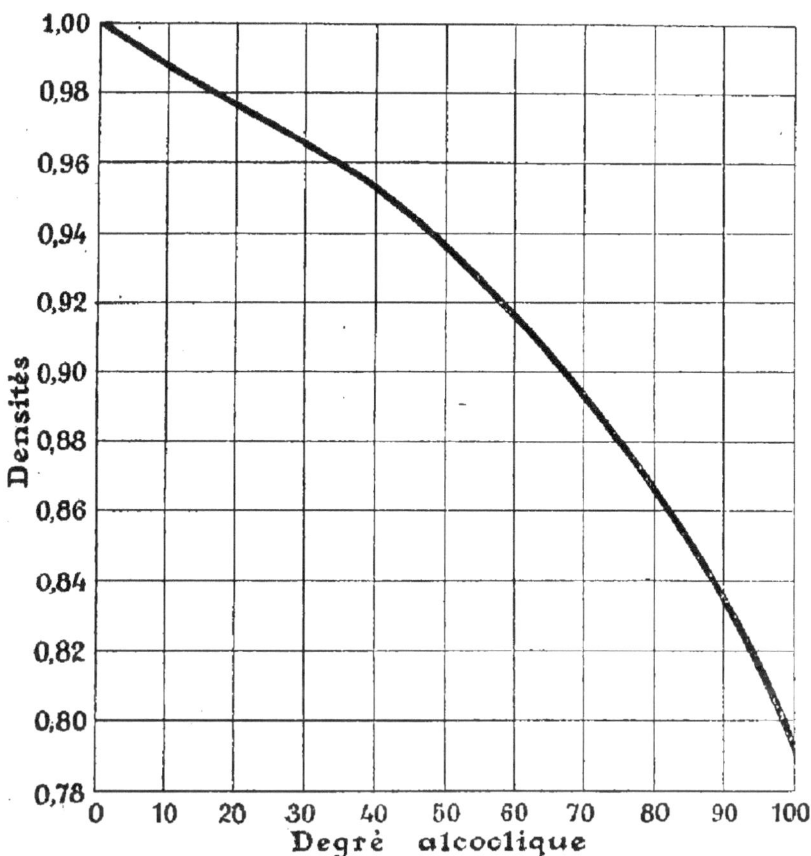

*5. Comment expliquez-vous qu'en versant avec précaution du vin sur de l'eau,
le vin surnage?*

Le vin a une densité un peu inférieure à celle de l'eau, surtout à cause de
l'alcool qu'il renferme. Il est donc possible qu'il surnage si on ne le fait pas
tomber dans l'eau.

*6. Est-il prudent de manier de l'alcool concentré auprès d'une flamme? Que
feriez-vous si le liquide s'enflammait?*

L'alcool concentré donne assez facilement (surtout si on renverse du liquide)
des vapeurs combustibles. Si elles s'enflamment, le récipient prend feu. Pour
l'éteindre, on empêche l'accès de l'air en enveloppant le récipient de linges
préalablement mouillés.

7. *En partant de l'équation de combustion complète, déterminer le pouvoir calorifique de l'alcool, c'est-à-dire la quantité de chaleur dégagée par 1ᵍ de cette substance. Quels sont les volumes d'oxygène et d'air nécessaires à cette combustion?*

L'équation de combustion complète :

$$C^2H^6O + 3O^2 = 2CO^2 + 3H^2O + 326 \, mth.$$

montre que $12 \times 2 + 1 \times 6 + 16 = 46^g$ d'alcool exigent pour brûler complètement 3 molécules-grammes d'oxygène diatomique, soit $22,4 \times 3$ litres ($0°,1^{atm}$) et dégagent 326 *mth*.

Le pouvoir calorifique de l'alcool est donc $\dfrac{326}{46} = 7,1 \, mth \ (7,087)$.

La combustion d'un gramme d'alcool exige $\dfrac{22,4 \times 3}{46} = 1^l,46$ d'oxygène, soit $1,46 \times 5 = 5^l,3$ d'air.

8. *Le pouvoir calorifique du pétrole est 11mth. Pourquoi y a-t-il intérêt à utiliser de l'alcool carburé comme combustible?*

Le pouvoir calorifique de l'alcool est environ 7 *mth* (problème précédent); il est donc de beaucoup inférieur à celui du pétrole.

Si donc on veut un combustible à pouvoir calorifique plus élevé que celui de l'alcool, il y a intérêt à ajouter du pétrole à ce dernier.

9. *Comparer les actions du sodium sur l'eau et l'alcool. De ces expériences, déduire que la densité du sodium est comprise entre celle de ces deux liquides.*

Le sodium flotte sur l'eau et tombe dans l'alcool; donc sa densité est inférieure à celle de l'eau et supérieure à celle de l'alcool.

Dans les deux cas, il y a dégagement d'hydrogène provenant de la substitution de **Na** à un atome d'hydrogène de l'oxhydrile **OH** (**H.OH** et **C²H⁵.OH**). La réaction est très vive avec l'eau (il y aurait explosion si on laissait un morceau de sodium tomber dans un tube à essai contenant de l'eau); d'ailleurs le sodium ne fond qu'au contact de l'eau.

10. *Supposons que l'on partage les idées d'A. Gautier. Si un homme pèse $p = 68^{kg}$, quel volume v litres peut-il absorber journellement d'un vin pesant $d = 8$ degrés. En déduire que l'on peut dire avec A. Gautier : 2ˡ et moins par jour de vin naturel suffisent dans bien des cas pour rendre alcoolique.*

« L'alcool, dit A. Gautier, se comporte... comme un véritable aliment... tant que l'on ne dépasse pas la dose de 1ᵍ par kilogramme de poids du corps et par jour ».

Si donc un homme pèse 68^{kg}, il peut absorber journellement 68^g d'alcool.

Dire qu'un vin pèse 8°, c'est dire que 100^{cm3} renferment 8^{cm3} d'alcool. Ainsi un litre de ce vin contient 80^{cm3} d'alcool qui pèsent $0,8 \times 80 = 64^g$.

Cet homme peut boire journellement $\dfrac{68}{64} = 1^l \ (1^l,06)$ de vin à 8°. Ainsi 2ˡ peuvent rendre alcoolique

11. *Un vin pèse 8°. Combien a-t-on absorbé d'alcool absolu quand on a bu 2ˡ de ce vin? Quelle est la masse de cet alcool absolu?*

100^{cm3} de vin à 8° contiennent 8^{cm3} d'alcool absolu. Donc 2^l, soit 20 fois plus, en renferment $8 \times 20 = 160^{cm3}$ qui pèsent $0{,}8 \times 160 = 128^g$.

12. *Une eau-de-vie ordinaire pèse 45°. Combien a-t-on absorbé d'alcool absolu quand on a bu 1^{dl} de cet alcool absolu?*

100^{cm3} de cette eau-de-vie contiennent 45^{cm3} d'alcool absolu. Or $1^{dl} = 100^{cm3}$. On a donc absorbé 45^{cm3} d'alcool qui pèsent $0{,}8 \times 45 = 36^g$.

ETHÉRIFICATION ET SAPONIFICATION

1. *Pourquoi faut-il déshydrater soigneusement les éthers-sels que l'on veut conserver?*

L'eau saponifie les éthers-sels, sans doute très lentement à la température ordinaire. Pour assurer la conservation d'un éther-sel, il faut donc enlever soigneusement l'eau qu'il peut contenir.

2. *Calculer la molécule-gramme de l'alcool, et celle de l'acide acétique. On mélange 30^g d'acide acétique et 23^g d'alcool. Le mélange est-il équimoléculaire? Quelle sera la composition finale du mélange?*

La molécule-gramme de l'alcool C^2H^6O est $12 \times 2 + 1 \times 6 + 16 = 46^g$; celle de l'acide acétique $C^2H^4O^2$ est $12 \times 2 + 1 \times 4 + 16 \times 2 = 60^g$. Comme 23^g et 30^g sont les moitiés des nombres précédents, on mélange en somme deux demi-molécules-gramme et le mélange est bien équimoléculaire.

L'alcool et l'acide réagissent en donnant un éther-sel, l'acétate d'éthyle, et de l'eau suivant l'équation :

$$C^2H^5OH + CH^3.CO^2H = H^2O + CH^3.CO^2(C^2H^5).$$

On arrive à un état d'équilibre qui correspond ici (on part de demi-molécules) à $\frac{1}{6}$ molécule alcool $+ \frac{1}{6}$ molécule acide $+ \frac{2}{6} = \frac{1}{3}$ molécule eau $+ \frac{1}{3}$ molécule éther, soit $7^g{,}67$ d'alcool, $10^g{,}00$ d'acide, $6^g{,}00$ d'eau ($H^2O = 1 \times 2 + 16 = 18^g$). L'équation d'éthérification montre que la molécule-gramme de l'acétate d'éthyle est $46 + 60 - 18 = 88^g$; il n'y a donc que $\frac{88}{3} = 29^g{,}33$ d'éther formé.

3. *Comment nommerez-vous les éthers-sels relatifs à l'alcool méthylique CH^3. OH (CH^3 méthyle) et à l'acide acétique, à l'acide salicylique? Donnez la formule de l'éther correspondant à l'acide acétique.*

De même que l'on appelle acétate de sodium le sel résultant de l'action de l'acide acétique et de l'hydrate de sodium, on appelle acétate de méthyle l'éther-sel relatif à l'acide acétique et à l'hydrate de méthyle ou alcool méthylique.

Alors l'éther-sel de l'acide salicylique et de l'alcool méthylique sera le salicylate de méthyle.

On pourrait encore les appeler éthers méthylacétique et méthylsalicylique. L'équation d'éthérification est :

$$CH^3.CO^2H + CH^3.OH = CH^3.CO^2(CH^3) + H^2O.$$

4. Une substance se nomme acétate d'amyle (odeur de bonbons anglais). Quelle doit être sa constitution et sa formule, sachant qu'il existe de l'alcool amylique $C^5H^{11}.OH$? Quel peut être son autre nom? Quel procédé de préparation imagineriez-vous?

De la nomenclature des éthers-sels résulte que l'acétate d'amyle est l'éther-sel de l'acide acétique et de l'alcool amylique. Il s'est formé suivant l'équation :

$$CH^3.CO^2H + C^5H^{11}.OH = CH^3.CO^2(C^5H^{11}) + H^2O.$$

Il contient donc **C, H** et **O**.

On pourrait l'appeler éther amylacétique.

Pour le préparer, on peut songer à chauffer un mélange d'acide acétique cristallisable, d'alcool amylique anhydre et d'acide sulfurique concentré (déshydratant).

ÉTHER ORDINAIRE

1. Pourquoi l'éther est-il plus dangereux à manier que l'alcool au voisinage d'une flamme?

L'éther bout vers 35° et l'alcool vers 78°. Donc l'éther est beaucoup plus volatil que l'alcool, et par suite les vapeurs atteindront plus rapidement et en plus grande quantité une flamme voisine.

2. Montrer que l'équation de combustion complète de l'éther ordinaire est
$$(C^2H^5)^2O + 12O = 4CO^2 + 5H^2O.$$

Un atome de carbone donne en brûlant complètement une molécule d'anhydride carbonique CO^2 et deux atomes d'hydrogène donnent une molécule d'eau H^2O. La molécule d'éther contenant 2×2 atomes de carbone et 5×2 atomes d'hydrogène, elle donne en brûlant 4 molécules de gaz carbonique qui renferment $2 \times 4 = 8$ atomes d'oxygène, et 5 molécules d'eau qui renferment 5 atomes d'oxygène. La combustion complète exige donc $8 + 5 = 13$ atomes d'oxygène. Comme la molécule d'éther contient un atome d'oxygène, il faut ajouter 12 atomes d'oxygène. On a bien l'équation indiquée.

3. Calculer la masse et par suite le volume d'éther à vaporiser dans un litre d'oxygène pour qu'après la combustion tout l'oxygène soit disparu. Même question dans 1^{m^3} d'air.

L'équation :
$$(C^2H^5)^2O + 12O = 4CO^2 + 5H^2O.$$

montre que la combustion complète d'une molécule-gramme d'éther ordinaire, soit $(12 \times 2 + 1 \times 5)2 + 16 = 74^g$, exige $22,4 \times 6$ litres d'oxygène diatomique. Alors avec 1^l d'oxygène, on peut brûler $\dfrac{74}{22,4 \times 6} = 0^g,55$ soit $\dfrac{0,55}{0,71} = 0^{cm^3},77$ d'éther liquide.

Est-il possible que tout cet éther soit vaporisé en supposant la température 10°, à laquelle la pression maximum de l'éther est 29^{cm} de mercure? Oui, car si ce litre était saturé à 10° de vapeur d'éther, il en contiendrait

$$1,293 \times 1 \times \frac{29}{76} \times \frac{1}{1 - 10\alpha} \times 2,6 = 1^g,21.$$

1ᵐˢ d'air contient environ 200ˡ d'oxygène. Il faut donc y vaporiser 0,55 × 200 = 110ᵏ d'éther qui, à l'état liquide, occupent 0,77 × 200 = 154ᶜᵐ³. Ce liquide sera totalement vaporisé car, avant la combustion, chaque litre d'air contient 0ᵍ,11 de vapeur, alors que saturé à 10° il en contiendrait 1ᵍ,21.

4. Calculer la densité par rapport à l'air de la vapeur d'éther.

La molécule-gramme de l'éther est (12 × 2 + 1 × 5) 2 = 16 = 74ᵍ. Donc 74ᵍ d'éther supposés gazeux à 0° et 1ᵃᵗᵐ occuperaient 22ˡ,4. Le même volume d'air pris à la même température et à la même pression pèse 29ᵍ. La densité de la vapeur d'éther par rapport à l'air est donc $\frac{74}{29}$ = 2,5 environ.

ACIDE ACÉTIQUE

1. En se rappelant l'action de la soude NaOH sur les sels métalliques, qu'arriverait-il si on mettait un excès de NaOH dans du vinaigre? En conclure qu'il vaut mieux ne pas pousser la neutralisation jusqu'au bout.

Une fois que l'acide acétique du vinaigre est totalement neutralisé, la soude versée n'est plus transformée. Et alors, quand on versera du chlorure ferrique FeCl³, celui-ci réagira avec la soude en excès (FeCl³ + 3NaOH = 3NaCl + Fe(OH)³) en produisant un précipité couleur rouille d'hydrate ferrique qui empêchera de voir la coloration rouge due à la formation d'acétate ferrique.

2. Les sels de cuivre sont vénéneux. Faut-il conserver des mets vinaigrés dans des récipients où il y a du cuivre?

L'acide acétique, surtout au contact de l'air, agit sur les métaux. Alors les mets vinaigrés donneront au contact du cuivre quelque chose comme de l'acétate de cuivre vénéneux qu'on ingérera avec le mets conservé et qui pourra être dangereux s'il a eu le temps de se former en assez grande quantité.

Les mets vinaigrés doivent donc être conservés dans des récipients inattaquables : la porcelaine est pour cela tout indiquée.

3. Est-il prudent de poser une bouteille à vinaigre sur une cheminée en marbre?

Il arrive fréquemment qu'il coule le long du verre des gouttes de vinaigre. Celui-ci arrive au contact du marbre suivant le tour du fond de la bouteille, dissout le marbre (CO²↗ + acétate de calcium) d'où sur la cheminée polie une couronne parfois creuse, et toujours dépolie.

4. Les eaux calcaires donnent un dépôt au fond des casseroles où on les fait bouillir. Quel liquide prendriez-vous pour dissoudre ce dépôt? Que remarquez-vous?

Ce dépôt est constitué essentiellement par du carbonate de calcium. Or l'acide acétique réagit sur le calcaire en donnant du gaz carbonique CO²↗ et de l'acétate de calcium soluble dans l'eau. Si donc on verse du vinaigre dans la casserole, il y aura effervescence (CO²), et dissolution graduelle de l'acétate dans l'eau que le vinaigre renferme en abondance. Quand l'effervescence cesse, si le dépôt n'est pas disparu, on enlève le liquide et on le remplace par du vinaigre neuf.

5. *Calculer le rapport de la masse de l'acide acétique formé à la masse de l'alcool théoriquement oxydé?*

La fermentation acétique se fait suivant l'équation :

$$C^2H^6O + 2O = C^2H^4O^2 + H^2O.$$

Cette équation montre que $12 \times 2 + 1 \times 6 + 16 = 46^g$ d'alcool donnent $12 \times 2 + 1 \times 4 + 16 \times 2 = 60^g$ d'acide acétique.

Le rapport de la masse de l'acide acétique formé à la masse de l'alcool théoriquement oxydé est $\frac{60}{46} = 1,30$.

6. *Si un vin pèse $8°$, quelle serait la richesse en acide acétique du vinaigre qu'on fabriquerait avec 1^{lit} de ce vin? On suppose l'oxydation totale. — La densité de l'alcool est $0,79$. — Quelle est la quantité d'air nécessaire à cette acétification?*

L'équation de la fermentation acétique.

$$C^2H^6O + 2O = C^2H^4O^2 + H^2O$$

montre que $12 \times 2 + 1 \times 6 + 16 = 46^{kg}$ d'alcool produisent $12 \times 2 + 1 \times 4 + 16 \times 2 = 60^{kg}$ d'acide acétique en se combinant à $22^{m3},4$ d'oxygène diatomique.

Le vin pesant $8°$, 1^{lit} de ce vin contient 8^l d'alcool pur pesant $0,79 \times 8$ kilogrammes et qui donneraient théoriquement $\frac{60 \times 0,79 \times 8}{46} = 8^{kg},2$ d'acide acétique, contenus dans 100^l de vinaigre pesant à peu près 100^{kg}. La richesse en poids en acide acétique est donc $8\,^0/_0$ environ.

Il a fallu $\frac{22,4 \times 0,79 \times 8}{46}$ mètres cubes d'oxygène contenus dans

$$\frac{22,4 \times 0,79 \times 8 \times 5}{46} = 15^{m3},4 \text{ d'air.}$$

7. *Le vinaigre ordinaire contient environ $5\,^0/_0$ d'acide acétique. A quelle teneur en alcool cela correspond-il pour le liquide à acétifier?*

1^l de ce vinaigre, de densité approximative 1, contient donc $1000 \times \frac{5}{100} = 50^g$ d'acide acétique.

L'équation de la fermentation acétique :

$$C^2H^6O + 2O = C^2H^4O^2 + H^2O$$

montre que $12 \times 2 + 1 \times 4 + 16 \times 2 = 60^g$ d'acide acétique proviennent de l'oxydation de $12 \times 2 + 1 \times 6 + 16 = 46^g$ d'alcool.

Les 50^g d'acide correspondent donc à $\frac{46 \times 50}{60}$ grammes d'alcool, de volume

$$\frac{46 \times 50}{60 \times 0,79} = 48^{cm3},5.$$

Ainsi $1\,000^{cm3}$ du liquide primitif contenaient (en supposant totale la transformation de l'alcool) 48$^{cm^3}$,5 d'alcool pur, ce qui correspond presque à 5° alcooliques.

8. *A quoi peut être due la flamme du bois qui brûle?*

La chaleur produite par la combustion des parties externes porte les parties internes à une température telle que la décomposition du bois a lieu en donnant des produits gazeux et aussi des liquides (alcool méthylique, acide acétique, acétone, eau) vaporisés à la température réalisée. Comme presque tous ces produits sont combustibles, à leur sortie du bois ils rencontrent l'air, en même temps qu'ils sont portés à une température suffisante pour qu'il y ait inflammation ; ils brûlent alors avec une flamme éclairante (charbon incandescent au centre de la flamme, et qui brûle ensuite).

9. *Expliquez la signification du mot « pyroligneux » (pyro signifie feu).*

Ce mot traduit bien le mode de fabrication qui consiste à chauffer assez fortement au feu (pyro) du bois (ligneux) en vase clos.

10. *Que pensez-vous du mot « esprit de bois »? Le comparer à « esprit-de-vin ».*

Le mot esprit indique, dans le langage ancien, des substances gazeuses (esprit de sel = acide chlorhydrique), ou volatiles (alcool méthylique — esprit de bois). L'esprit de bois, comme l'esprit de vin sont des substances à point d'ébullition assez peu élevé, ce qu'indique le mot esprit. Mais tandis que l'esprit de vin s'obtient en distillant du vin, l'esprit de bois s'obtient dans la distillation sèche du bois.

11. *Quelle masse d'alcool méthylique faut-il théoriquement brûler pour porter de 10° à 100° la température d'un kilogramme d'eau. Quantité d'air exigée par la combustion?*

La formule CH^4O de l'alcool méthylique montre que sa combustion complète conduit à la formation d'une molécule de gaz carbonique (CO^2) et de 2 molécules d'eau ($2H^2O$), ce qui exige 4 atomes d'oxygène. Comme il y a un atome d'oxygène dans l'alcool, il faut ajouter 3 atomes d'oxygène et l'équation de combustion complète est :

$$CH^4O + 3\,O = CO^2 + 2\,H^2O + 171\ mth.$$

Pour porter de 10° à 100° la température d'un kilogramme d'eau, il faut $100 - 10 = 90\ mth.$

Or la combustion de $12 + 1 \times 4 + 16 = 32^g$ d'alcool méthylique exige $11,2 \times 3$ litres d'oxygène diatomique et dégage $171\ mth.$ Pour obtenir 90 mth, il faut brûler $\dfrac{32 \times 90}{171} = 16^g,8$ d'alcool méthylique, ce qui exige $\dfrac{11,2 \times 3 \times 90}{171}$ litres d'oxygène contenus dans $\dfrac{11,2 \times 3 \times 90 \times 5}{171} = 88^l,4$ d'air.

LES CORPS GRAS

1. *Comment procède-t-on à la maison pour dégraisser le bouillon?*

On mouille un linge en toile et on le fait traverser par le bouillon : la graisse reste sur le linge (capillarité). — Si on laisse refroidir suffisamment le bouillon, la graisse qui surnage se solidifie en une lame qu'on enlève facilement.

2. *De quelles substances se sert-on à la maison pour enlever les taches de* **graisse?** *Quel est l'aspect, l'odeur de ces substances?*

On se sert principalement du benzène, de l'essence et de l'éther de pétrole, et aussi de l'essence de térébenthine. Toutes ces substances sont liquides, incolores, odorantes, très volatiles, très combustibles, insolubles dans l'eau et moins denses qu'elle. Leur manipulation exige de grandes précautions (opérer à l'air libre et de jour) car leurs vapeurs forment facilement avec l'air des mélanges tonnants. — Tous ces liquides agissent physiquement sur la graisse qu'ils dissolvent : la dissolution imprègne le tissu et quand le solvant est évaporé, la graisse imbibe une surface considérable de sorte que la tache est moins visible. Pour enlever la graisse, il faut enlever la dissolution : pour cela on tamponne l'étoffe mouillée ou (nettoyage à sec) on passe à la turbine. — On peut aussi utiliser le sulfure de carbone ordinaire, mais il a une mauvaise odeur.

On utilise fréquemment le savon. Ce solide inodore exige la présence de l'eau, ce qui peut nuire au tissu et aux couleurs qui le teignent.

Quant au carbonate de sodium (cristaux de soude), il exige l'emploi d'eau chaude.

3. *A quelle propriété fait allusion l'expression « faire tache d'huile »?*

Quand on met un peu d'huile sur du papier ou sur une étoffe, il se produit une tache translucide qui s'étend concentriquement et lentement, de sorte qu'on ne s'aperçoit souvent de l'existence de la tache qu'un temps assez long après la chute de l'huile.

4. *Quand un bouillon est très gras, le suif fondu forme une nappe continue qui s'oppose à l'évaporation. Verra-t-on des yeux sur le bouillon? Ce bouillon fumera-t-il même s'il est très chaud?*

Le suif fondu, déjà moins dense que l'eau, forme à la surface une couche huileuse continue : on ne voit donc plus d'yeux (globules de suifs isolés nageant sur l'eau). Les fumées du bouillon résultent de la condensation à l'air de la vapeur d'eau produite par le bouillon; elles sont d'autant plus abondantes que la vaporisation de l'eau est plus active et par suite que la température du bouillon est plus élevée. Comme la couche de suif fondu empêche l'évaporation, il ne se produit pas de fumées même si le bouillon est très chaud.

5. *Pourquoi faut-il craindre de se brûler quand une assiette de bouillon de bœuf ne présente pas d'yeux et ne fume pas?*

Comme la couche de suif empêche l'évaporation de l'eau, le bouillon ne fume pas alors même que sa température est élevée et qu'il peut alors produire des brûlures. — Quand il n'y a que des yeux sur le bouillon, celui-ci est en grande partie au contact direct de l'air; ainsi l'évaporation a lieu, et est d'autant plus active que la température du liquide est plus élevée. Si donc un bouillon maigre fume abondamment, c'est que sa température est trop élevée pour qu'on puisse l'ingérer sans se brûler.

6. *Le soir, en prenant votre bouillon qui a des yeux, vous regardez dans ces yeux les images de la lampe allumée suspendue au-dessus de la table. Voit-on des images*

de la lampe? Sont-elles droites ou renversées? Leur grandeur ne varie-t-elle pas avec le diamètre du globule de graisse? Dans quel sens?— Les physiciens concluent de ces remarques que les yeux ont leur face extérieure courbe, convexe vers l'air, et de rayon d'autant plus grand que le diamètre des yeux est lui-même plus grand.

Dans chacun des yeux on voit de la lampe une image de même sens qu'elle, d'autant plus grande que le globule de graisse est plus large. Il en résulte que la surface du globule en contact avec l'air est sphérique et d'autant plus bombée que le globule est plus petit.

7. *Qu'observe-t-on quand on fait des tartines avec du beurre frais? En donner l'explication.*

Quand on écrase le beurre frais sur le pain, il s'échappe des gouttelettes d'un liquide blanchâtre constitué par de l'eau tenant en suspension de la caséine. Ces gouttelettes sont nombreuses, si après avoir battu le beurre, on n'en a pas suffisamment exprimé le babeurre par lavage et malaxage dans l'eau propre.

C'est à la présence de ces gouttelettes qu'est due l'ébullition, d'assez courte durée qui se produit lorsqu'on chauffe du beurre assez fortement.

8. *Quelle différence essentielle doit exister entre du beurre frais et du beurre fondu? — La saveur en est-elle la même? — Pourquoi le beurre fondu doit-il se conserver facilement?*

Le beurre fondu s'obtient en maintenant assez longtemps du beurre à une température supérieure à 100°, de telle façon que l'ébullition primitive cesse. Cette ébullition est due à l'eau du babeurre emprisonné dans le beurre frais. Quant aux impuretés solides (caséine du babeurre en particulier), elles se déposent et finalement il reste un liquide jaune ambré que l'on décante dans des récipients où il se fige.

A cause de l'élévation notable de température, la saveur a changé. Mais comme il a été ainsi stérilisé et que d'autre part les microbes nuisibles se trouvent dans les gouttes de babeurre, le beurre fondu se conserve (en particulier sans rancir) facilement.

9. *Que doit-il se produire si on malaxe longuement du beurre dans de l'eau? Quel aspect prendra cette eau? Que doit-il se produire si on renouvelle l'eau au cours du malaxage? Pourquoi le beurre le mieux malaxé doit-il se conserver le mieux?*

Ce malaxage a pour effet de faire passer les gouttes de babeurre dans l'eau; celle-ci devient donc graduellement blanchâtre et, si on la renouvelle au bout de temps égaux de malaxage, sa teinte blanche va en s'atténuant. — Après un malaxage prolongé dans de l'eau renouvelée, le babeurre est presque totalement éliminé et comme c'est lui surtout qui contient les microbes, le beurre ainsi malaxé doit se conserver mieux que le beurre mal lavé.

10. *Etant donné ce que vous savez des microbes, pourquoi pensez-vous que si du beurre en renferme, ils doivent se trouver surtout dans le babeurre qu'il contient?*

Pour que les microbes vivent, il leur faut en particulier de l'eau contenant des aliments. C'est justement en quoi les gouttelettes de babeurre conviennent et c'est là que les microbes ont des chances de prospérer.

11. *L'eau de pluie doit-elle dissoudre le savon ou donner des grumeaux? — Même question avec une eau calcaire.*

L'eau de pluie ne contenant pas de sels métalliques dissous, elle doit donc, avec le savon, se comporter comme de l'eau distillée aérée.

Le sel de calcium dissous dans l'eau réagit sur le savon pour donner un savon de calcium insoluble; il se forme alors des grumeaux blancs plus ou moins épais.

12. *Pourquoi une eau séléniteuse courante est-elle impropre au savonnage? — Pourquoi y aurait-il intérêt alors à savonner dans un baquet? Montrer que l'emploi de cette eau sera plus coûteux que celui de l'eau de pluie.*

Le savon réagit sur le sulfate de calcium dissous, au fur et à mesure de sa dissolution en donnant du savon de calcium insoluble. Comme le sulfate de calcium est constamment remplacé, la décomposition du savon a lieu constamment de sorte que le savon ne peut jouer son rôle utile.

Avec un volume déterminé d'eau séléniteuse, quand tout le gypse dissous est précipité, l'eau ne réagit plus sur le savon qui dès lors joue son rôle utile. Naturellement cette précipitation de SO^4Ca a exigé une certaine masse de savon, de sorte que l'emploi d'eau de pluie est moins coûteux.

13. *Quand, en se lavant les mains, il semble que la peau demeure légèrement grasse, qu'est-on amené à penser relativement à l'eau utilisée?*

Il faut en conclure que le savon donne avec l'eau une substance insoluble, donc vraisemblablement un savon de calcium. Ainsi l'eau utilisée est probablement calcaire ou séléniteuse.

14. *Dans un grand excès d'eau de chaux, on verse quelques gouttes d'huile et on agite. Après repos, on obtient un liquide inférieur presque limpide et il surnage une sorte de pâte d'un blanc-jaunâtre. Que s'est-il produit?*

L'eau de chaux contient la base $Ca(OH)^2$ qui saponifie au moins partiellement l'huile en donnant (outre la glycérine qui se dissout) du savon de calcium insoluble qui surnage.

15. *Se brûle-t-on quand on laisse couler un peu de bougie sur les doigts? A quoi cela tient-il?*

La fusion de la bougie se faisant à température peu élevée (le liquide est au contact du solide), l'abaissement total de température subi par le liquide tombant sur les doigts est faible. D'autre part, la chaleur de fusion et la chaleur spécifique de la bougie sont faibles.

16. *Montrer que l'on peut dire : les savons sont les sels alcalins des bougies.*

Les bougies sont des mélanges d'acide stéarique et d'acide palmitique.
Les savons durs sont des mélanges de stéarate et de palmitate de sodium.
Donc les savons sont bien les sels alcalins des bougies. L'action de la soude sur la bougie le prouve.

17. *Comment expliquez-vous l'odeur d'une bougie qu'on éteint? Qu'en concluez-vous au sujet de l'action de la chaleur sur les acides gras?*

Les acides gras montant par capillarité dans la mèche sont portés à une assez haute température en produisant des substances gazeuses qui brûlent en donnant la flamme de la bougie. Quand on souffle la bougie, les produits gazeux qui viennent d'être fabriqués sont assez refroidis pour que leur combustion n'ait pas lieu et pour que certains se condensent (fumées). Ces produits, provenant de la bougie inodore, sont odorants : il y a bien eu décomposition des acides gras.

18. *Déterminer l'équation de combustion complète d'une molécule-gramme de glycérine.*

La formule brute de la glycérine $C^3H^5(OH)^3$ est $C^3H^8O^3$. Dans la combustion complète : 1° les 3 atomes de carbone donnent 3 molécules de gaz carbonique CO^2 qui renferment $2 \times 3 = 6$ atomes d'oxygène; 2° les 8 atomes d'hydrogène donnent 4 molécules d'eau H^2O qui contiennent 4 atomes d'oxygène. Il faut donc en tout $6 + 4 = 10$ atomes d'oxygène; mais comme la molécule de glycérine en renferme 3, il suffit d'ajouter 7 atomes d'oxygène d'où l'équation

$$C^3H^5(OH)^3 + 7O = 3CO^2 + 4H^2O$$

19. *Déterminer l'équation de combustion complète d'une molécule-gramme de chacun des acides gras et de chacun des principes immédiats des corps gras. En déduire les volumes d'oxygène et d'air qu'exige la combustion complète de l'unité de masse.*

Dans le cas des acides gras la chaleur de combustion est voisine de 2700.

Soit $C^aH^{2b}O^c$ la formule générale d'un acide gras. Dans la combustion complète d'une molécule-gramme : 1° les a atomes de C donnent a molécules de CO^2 qui contiennent $2a$ atomes de O; 2° les $2b$ atomes de H donnent b molécules de H^2O qui contiennent b atomes de O. Il faut donc employer $2a + b - c$ atomes soit $a + \dfrac{b-c}{2}$ molécules de O diatomique; cet oxygène occupe $22,4 \times \left(a + \dfrac{b-c}{2}\right)$ litres ($0°$, 1^{atm}) et est contenu dans $22,4 \left(a + \dfrac{b-c}{2}\right) \times 5$ litres d'air.

1° Acide palmitique $C^{16}H^{32}O^2$.

La combustion d'une molécule-gramme soit $12 \times 16 + 1 \times 32 + 16 \times 2 = 256^g$, exige $22,4 (16 + 8 - 1) = 22,4 \times 23$ litres d'oxygène, et 1^g d'acide palmitique demande $\dfrac{22,4 \times 23}{256} = 2^l,01$ d'oxygène contenus dans $2,01 \times 5 = 10^l,05$ d'air.

2° Acide stéarique $C^{18}H^{36}O^2$.

Molécule-gramme $12 \times 18 + 1 \times 36 + 16 \times 2 = 284^g$.

Volume d'oxygène : $22,4 (18 + 9 - 1) = 22,4 \times 26$ litres, pour 284^g; et pour 1^g $\dfrac{22,4 \times 26}{284} = 2^l,05$ contenus dans $2,05 \times 5 = 10^l,25$ d'air.

3° Acide oléique $C^{18}H^{34}O^2$.

Molécule-gramme $12 \times 18 + 1 \times 34 + 16 \times 2 = 282^g$.

Volume d'oxygène : $22,4 \left(18 + \dfrac{17}{2} - 1\right) = 22,4 \times 17 \times \dfrac{3}{2}$ litres pour 282^g;

et pour 1^g $\dfrac{22,4 \times 17 \times 3}{282 \times 2} = 2^l,03$ contenus dans $2,03 \times 5 = 10^l,15$.

En résumé on peut dire que la combustion d'un gramme d'acide gras (ou de bougie) exige 2^l d'oxygène et 10^l d'air.

20. *En chimie organique, il y a autant d'hydrogène acide qu'il y a de groupements* **CO²H** *mis en évidence dans la formule de l'acide. De l'examen des formules des acides gras, déduire que ces substances sont forcément uniacides.*

Les acides palmitique, stéarique et oléique ont pour formules respectives $C^{16}H^{32}O^2$, $C^{18}H^{36}O^2$, et $C^{18}H^{34}O^2$. En chimie organique, un atome d'hydrogène acide entre dans un groupement **CO²H**. Comme ces formules ne contiennent que deux atomes d'oxygène, elles ne peuvent renfermer qu'un groupement **CO²H**. Donc ces acides sont uniacides.

21. *Quelles sont les formules des stéarates de sodium et de calcium?*

Ces substances sont les sels de l'acide stéarique correspondant.aux métaux sodium et calcium. L'acide stéarique est uniacide; il ne contient qu'un atome d'hydrogène remplaçable par un métal. Le sodium est univalent donc cet **H** est remplacé par un atome de sodium et le stéarate de sodium a pour formule $C^{18}H^{35}O^2Na$. Un atome de calcium bivalent remplace deux atomes de **H** contenus dans deux molécules d'acide stéarique et le stéarate de calcium a pour formule $(C^{18}H^{35}O^2)^2Ca$.

22. *Comment se fait-il qu'au lieu de « oléine » on dise parfois « oléate de glycérine »?*

C'est à peu près conforme à la nomenclature des éthers-sels. Nous avons vu que l'éther-sel de l'acide acétique et de l'alcool éthylique peut se nommer acétate d'éthyle. Or l'oléine est l'éther-sel correspondant à l'acide oléique et à la glycérine; d'où le nom : oléate de glycérine.

23. *Pourquoi peut-on dire que les savons sont les sels alcalins des bougies?*

Les bougies sont constituées par l'acide stéarique et l'acide palmitique. — Les savons sont des stéarates et palmitates alcalins. Ce sont donc les sels alcalins des acides qui forment les bougies.

24. *Déterminer les masses de glycérine, d'acide et de savon de sodium correspondant à une molécule-gramme de stéarine. Masse de la soude caustique nécessaire à la saponification.*

Montrer qu'à p grammes de stéarine correspondent très approximativement

$$p - \frac{p}{23} \text{ d'acide}, \quad p + \frac{p}{32} \text{ de savon de sodium}, \quad \frac{p}{10} \text{ de glycérine et } \frac{p}{7} \text{ grammes de soude caustique.}$$

La stéarine est le triéther du trialcool glycériné $C^3H^5(OH)^3$ et de l'acide stéarique uniacide $C^{18}H^{35}O^2H$. Elle a donc pour formule $C^3H^5(C^{18}H^{35}O^2)^3$, une molécule de glycérine a réagi sur trois molécules d'acide. Inversement la saponification d'une molécule-gramme de stéarine donne une molécule-gramme de glycérine et trois d'acide stéarique. A ces dernières correspondent trois molécules de stéarate de sodium (savon) de formule $C^{18}H^{35}O^2Na$, et leur formation aura exigé trois molécules-grammes de soude caustique **NaOH**.

Traduisons en masses. Molécule-gramme de la stéarine : $12 \times 3 + 1 \times 5 + (12 \times 18 + 1 \times 35 + 16 \times 2)3 = 890^g$. Molécule-gramme de la glycérine $12 \times 3 + 1 \times 5 + (16 + 1)3 = 92^g$. Les trois molécules-gramme d'acide stéarique pèsent $(12 \times 18 + 1 \times 35 + 16 \times 2)3 = 852^g$ et les trois molécules de stéarate de sodium pèsent $852 - 1 \times 3 + 23 \times 3 = 852 + 23 \times 3 = 918^g$. La saponification a exigé $(23 + 16 + 1)3 = 120^g$ de soude caustique.

Ainsi à 890^g de stéarine correspondent 92^g de glycérine; $890 - 38$ **grammes** d'acide stéarique; 890 + 28 grammes de savon de sodium et 120ᵍ de soude caustique.

A p grammes de stéarine correspondent $p \times \dfrac{92}{890}$ soit approximativement $\dfrac{p}{10}$ grammes de glycérine; $p - p\dfrac{38}{890}$ soit approximativement $p - \dfrac{p}{23}$ grammes d'acide stéarique; $p + p\dfrac{28}{890}$ soit approximativement $p + \dfrac{p}{32}$ grammes de stéarate de sodium; et $p \times \dfrac{120}{890}$ soit approximativement $\dfrac{p}{7}$ grammes de soude caustique.

25. *Suivre le changement de forme et de masse d'un morceau de savon longtemps exposé à l'air. Quelle peut être la raison du phénomène?*

Le morceau de savon qui avait primitivement la forme d'un parallélépipède rectangle prend des faces plus ou moins courbes. En même temps sa masse diminue graduellement.

Cette modification est due à l'évaporation graduelle de l'eau contenue dans le savon; elle est d'autant plus prononcée que la teneur en eau est plus grande. Aussi les savons de bonne qualité qui contiennent très peu d'eau ne subisssent pas de changements de forme bien visibles.

LES MATIÈRES ALBUMINOÏDES

1. *Deux œufs primitivement frais pèsent 126ᵍ,2; 125ᵍ,5; 124ᵍ,0; 123ᵍ,0; 122ᵍ,5; les 9; 10; 12; 17; 30 septembre. Cette diminution de masse est-elle d'accord avec la diminution de densité?*

Le volume extérieur des œufs v^{cm^3} ne change pas. Le 9 septembre, la densité moyenne était $\dfrac{126,2}{v}$; le 30 septembre, elle est devenue $\dfrac{122,5}{v}$. Ainsi, en 21 jours, la densité a diminué dans le rapport $\dfrac{122,5}{126,5} = 0,97$.

En tenant compte des nombres donnés pour la densité moyenne (1,09 et 1,035), celle-ci diminue en 30 jours dans le rapport $\dfrac{1,035}{1,09} = 0,95$.

Il n'y a pas désaccord avec l'expérience précédente qui a duré moins longtemps.

2. *Du blanc d'œuf pesant 28ᵍ est exposé à l'air sur une large surface. Au bout de 4 jours il est transformé totalement en albumine desséchée pesant 5ᵍ. Déterminer la proportion pour cent d'eau évaporée (Nombres fournis par un élève).*

28ᵍ de blanc d'œuf ont perdu en 4 jours 28 — 5 = 23ᵍ d'eau. Pour 100ᵍ, on aurait $\dfrac{23 \times 100}{28} = 82ᵍ$ d'eau évaporée.

3. *Peser deux œufs frais; les faire cuire durs. Aussitôt refroidissement, les peser. Y a-t-il variation de masse? Dans quel sens?*

Nous laissons le soin de tirer les conclusions de l'expérience.

4. Casser un œuf. Où va le jaune? — Marquer la partie supérieure d'un œuf que l'on fait cuire dur. Après la cuisson, couper l'œuf transversalement et examiner les positions relatives du blanc et du jaune. Que faut-il en conclure?

Nous laissons le soin de tirer les conclusions de l'expérience.

5. On chauffe une coquille d'œuf, sans sa membrane. Elle noircit intérieurement, répand une odeur de corne brûlée; si on continue à chauffer fortement à l'air elle est finalement blanche. Comment expliquer ces divers aspects?

La coquille est formée de carbonate de calcium, en majeure partie imprégné de matière organique. Sous l'action de la chaleur cette matière organique se décompose en donnant du charbon (d'où le noircissement surtout visible à l'intérieur où il y a plus de matière organique) et cette matière organique est azotée puisqu'on perçoit une odeur de corne brûlée.

En continuant à chauffer à l'air, le charbon brûle en donnant CO^2 et il reste seulement du carbonate de calcium blanc, qu'il faudrait chauffer beaucoup plus fort pour le transformer en chaux vive.

6. Que sentent les œufs pourris? Quelle conclusion pouvez-vous en tirer?

Les œufs pourris sentent l'hydrogène sulfuré. Donc le soufre entre dans la constitution des œufs.

7. Quand on mange des œufs avec des couverts en argent, le métal noircit. Que peut-on en conclure?

Quand l'argent noircit, c'est qu'il se sulfure (l'argent ne s'oxyde pas directement). Le soufre de ce sulfure provient alors des œufs.

8. Pour reconnaître si une urine contient de l'albumine, dans une cuiller en fer on verse l'urine à laquelle on ajoute du sel marin (l'albumine ne précipite pas d'une urine trop pauvre en sel) et du vinaigre. A l'ébullition, une urine albumineuse se trouble. De quelle action faut-il rapprocher celle-ci?

Les acides usuels précipitent l'albumine de sa dissolution aqueuse. Le trouble est vraisemblablement dû à la coagulation de l'albumine par l'acide acétique.

9. On laisse tomber de l'acide azotique sur les doigts. Que fait la peau? Quelle transformation se produit quand on se lave les mains au savon?

La peau jaunit. Les grumeaux jaunâtres que donnent NO^3H dans une dissolution d'albumine deviennent d'un jaune orangé par addition d'une base. Or le savon a une réaction basique, aussi les taches jaunes de la peau passent au jaune orangé.

LE LAIT

1. En chauffant 100ᴸ de lait et en le réduisant à 30ᴸ, on obtient du lait concentré ou lait condensé. En quoi diffère-t-il du lait ordinaire? Calculer sa densité.

Le lait condensé diffère du lait ordinaire surtout par une richesse en eau beaucoup moindre. On peut dire qu'approximativement 100ᴸ de lait, pesant $1,03 \times 100 = 103^{kg}$, ont perdu $100 - 30 = 70^L$ d'eau pesant 70^{kg}. Ainsi les

30^l de lait concentré pèsent 103 — 70 = 33^{kg}. La densité de ce liquide est $\frac{33}{30} = 1,10$.

2. *En faisant couler du lait sur des cylindres portés à plus de 100° par la vapeur, comment expliquez-vous qu'on obtienne du lait en poudre? Quelle en est la constitution approximative?*

L'eau contenue abondamment dans le lait s'évapore à peu près totalement. Le lait en poudre est donc formé par les substances qui étaient dissoutes ou en suspension dans l'eau du lait.

3. *Quel est le résultat du mouillage du lait (addition d'eau)?*

La richesse en produits nutritifs diminue. La densité diminue aussi car au lait de densité 1,03 on ajoute de l'eau de densité 1. La diminution de densité (nous supposons qu'on procède uniquement à l'addition d'eau) est d'autant plus accentuée que le mouillage est plus énergique.

4. *Le lait contient 4 % de caséine. Combien faut-il environ de litres de lait pour obtenir 1^{kg} de caséine?*

1^l de lait pèse environ 1^{kg} et contient $\frac{4}{100}$ kilogrammes de caséine.

Pour obtenir 1^{kg} de caséine, il faut donc $\frac{100}{4}$ kilogrammes de lait, ce qui fait approximativement 25^l.

5. *On fait cailler le lait : 1° écrémé, 2° naturel. Quelle différence principale existera entre les précipités obtenus?*

Le précipité provenant du lait naturel contient, en plus de l'autre précipité, la crème qu'on avait enlevée.

6. *En quoi se distinguent probablement les fromages gras des fromages maigres?*

Les premiers s'obtiennent en caillant du lait naturel et les seconds du lait écrémé. Donc le fromage gras contient, en plus du fromage maigre, la crème qu'on avait enlevée.

7. *Comment expliquez-vous qu'on puisse conserver le lait en le maintenant à moins de 5°?*

A ces températures, la fermentation lactique ne se produit qu'avec une extrême lenteur et le lait ne tourne pas.

8. *L'équation de transformation du lactose en acide lactique est*

$$C^{12}H^{22}O^{11} + H^2O = 4\,C^3H^6O^3.$$

Il existe environ 4,5 % de lactose dans le lait de vache. A quelle quantité d'acide lactique cela correspond-il?

La molécule-gramme du lactose est $12 \times 12 + 1 \times 22 + 16 \times 11 = 342^g$ et il lui correspond $342 + (1 \times 2 + 16) = 360^g$ d'acide lactique.

Il y a environ 45^g de lactose dans un litre de lait. Cela pourrait donner $\frac{360 \times 45}{342} = 47^g$ d'acide lactique.

9. *Quand un lait moyen caille, à la température ordinaire, quelle quantité de lactose contient-il encore? Même question quand un lait caille à l'ébullition.*

Le lait caille à l'ébullition quand il renferme $2^g,7$ d'acide lactique, ce qui correspond à $\dfrac{342 \times 2,7}{360}$ $2^g,6$ de lactose. Il reste donc $45 - 2,6 = 42^g,4$ de lactose non fermenté.

Le lait caille à froid quand il renferme à peu près le triple $(2,7 \times 3 = 8^g,1)$ d'acide lactique, provenant de la fermentation de $2,6 \times 3 = 7^g,8$ de lactose. Il reste encore $45 - 7,8 = 37^g,2$ de lactose.

10. *Pour faire cailler le lait, on le met, en hiver, en des endroits chauds. Dans quel but?*

C'est pour favoriser le développement du ferment lactique puisque la température optimum est voisine d'une vingtaine de degrés.

11. *Les vases dans lesquels on conserve le lait renferment généralement des ferments lactiques. Pourquoi est-il presque impossible de conserver du lait sans qu'il se caille? Que faudrait-il faire pour arriver à ce résultat?*

Le lait se trouve donc ensemencé de ferments lactiques du fait qu'on l'a versé dans ces vases même très propres. Ce ferment se développe et le lait caille quand il y a suffisamment d'acide lactique.

Pour éviter cette transformation, il faudrait stériliser les vases et aussi se mettre à l'abri du ferment lactique très répandu dans l'atmosphère.

12. *Comment se fait-il que l'addition de carbonate de sodium empêche le lait de tourner?*

Le carbonate de sodium neutralise l'acide lactique qu'il transforme en lactate de sodium. Comme c'est l'acide lactique qui produit normalement la coagulation du lait, le lait ainsi carbonaté ne peut cailler.

FERMENTATION PUTRIDE

1. *Est-il surprenant que la variation de température ne soit pas appréciable dans l'expérience citée?*

Non. Le débit de chaleur est très faible et la chaleur produite se perd, par conductibilité et rayonnement, à peu près au fur et à mesure de sa production.

2. *A quoi attribuez-vous les fumées qui se dégagent du fumier, en hiver?*

La fermentation des matières azotées produit de la chaleur qui ne se perd pas vite (grande masse, grand volume, faible surface du fumier). La température s'élève suffisamment pour vaporiser assez activement l'eau qui imprègne le fumier (elle provient de l'urine et de la pluie) et la vapeur d'eau se condense dans l'air froid en donnant des fumées.

3. *Comment se fait-il que les tas de foin humide puissent prendre feu?*

Le mécanisme est analogue au précédent. Mais ici la température peut s'élever assez en certains points pour qu'il y ait là inflammation.

4. *Pourquoi, quand le foin est encore humide, les cultivateurs font-ils des couches alternatives de paille et de foin?*

Il y a une circulation d'air entre les couches successives de foin humide. Ainsi les pertes de chaleur sont considérables et la température ne peut monter au point de rendre l'inflammation possible.

5. *Comment expliquez-vous que le lait présente une résistance remarquable à la putréfaction?*

Le lait renferme du lactose qui, sous l'action du ferment lactique, se transforme en acide lactique. Or ce dernier empêche la fermentation putride.

6. *Expliquez l'action antiseptique exercée sur l'intestin par le régime lacté.*

Il n'y a qu'à relire la question précédente.

7. *Le chou en se transformant en choucroute subit la fermentation lactique. Donner l'une des raisons pour lesquelles la choucroute se conserve bien.*

L'acide lactique produit s'oppose à la fermentation putride.

8. *Dans la conservation par cuisson, pourquoi la durée de chauffage dépend elle du volume de la boîte?*

La rapidité du chauffage dépend de la surface de contact de la boîte. Plus la boîte est grosse et plus, dans le même appareil de chauffage, il faut de temps pour que la partie centrale soit portée à la température exigée.

9. *Au cours de cette cuisson il peut se produire des gaz. Expliquez pourquoi, au sortir de l'autoclave, on perce le couvercle métallique, ferme le petit trou avec une goutte de soudure, et termine par une cuisson de deux heures à 120°?*

Les gaz formés s'échappent par le petit trou que l'on vient de pratiquer. Comme la substance enfermée dans la boîte doit être soustraite à l'action des germes extérieurs, on referme ce trou avec une goutte de soudure et comme au cours de ces opérations, des microbes ont pu pénétrer dans la boîte, on tue ceux-ci (on stérilise) en portant la boîte à 120°.

19. *L'étain contient parfois du plomb. Pourquoi faut-il exiger un étamage blanc, bien brillant, indice d'absence de plomb?*

Les sels de plomb sont vénéneux et ils imprégneraient les aliments contenus dans les boîtes de conserve.

11. *Les conserves se maintiennent intactes cinq ans et plus. Au cours d'une fermentation intérieure, il peut se produire des gaz. Expliquez pourquoi il faut rejeter les boîtes bombées ou présentant la moindre fausse odeur intérieure?*

A l'intérieur d'une boîte dont les fonds sont bombés existe donc une pression assez forte due aux gaz produits au cours de la fermentation intérieure; ainsi les aliments enfermés ont subi une décomposition qui rend leur absorption dangereuse. — Une odeur suspecte indique, elle aussi, une décomposition plus ou moins avancée.

12. *Une solution saturée de NaCl bout à 108°; de NO^{3}K à 116°; de CaCl^2 à 180°. Que feriez-vous, sans autoclave, pour stériliser, à une température supérieure à 100°, une substance qui ne se modifie pas à ces températures?*

Il n'y a qu'à enfermer la substance dans un récipient clos, à la maintenir immergée dans une dissolution bouillante saturée de chlorure de sodium ou mieux d'azotate de potassium, et à maintenir longtemps l'ébullition (remplacer de temps à autre l'eau évaporée) de façon à porter le centre du récipient à la température ainsi réalisée.

13. *Les pots qu'on vient de remplir de confiture sont exposés à l'air sec.* **Pourquoi** *se produit-il à la surface une pellicule? Pourquoi cette pellicule résiste-t-elle* **bien** *à l'action des ferments?*

Pourquoi applique-t-on sur la confiture un disque de papier trempé par l'eau-de-vie? Et pourquoi ferme-t-on soigneusement le pot avec un papier ficelé ou **collé?**

Pourquoi conserve-t-on la confiture en un lieu froid et sec?

L'eau de la couche extérieure s'évapore et il ne reste que le solide, d'où une couche lisse, sur laquelle les ferments ont peu d'action (en particulier pas d'eau).

On soustrait la confiture à l'action de l'air et des ferments qu'il tient en suspension. D'autre part, l'alcool est un antiseptique énergique et, en raison de sa volatilité et de son mélange avec l'eau, il hâte la solidification de la couche supérieure de la confiture.

Le froid et la sécheresse sont peu favorables au développement des microbes (humidité; température optimum : une vingtaine de degrés).

14. *Pourquoi fait-on les envois de poisson dans la glace, en été?*

Le poisson est ainsi maintenu à une température assez basse, à laquelle la fermentation putride est très lente.

15. *Quand on met du sel sur des haricots verts, on obtient au bout de quelque temps de la saumure. Comment cela se fait-il?*

L'eau contenue dans les tissus des haricots verts traverse lentement par osmose les membranes des cellules et dissout graduellement le sel.

TABLE DES MATIÈRES

PREMIÈRE ANNÉE

DEUXIÈME ANNÉE

TROISIÈME ANNÉE

Coulommiers. Imp. PAUL BRODARD. — 2703-10-23.